面向绿色城市
Towards Green Cities:
——中德城市生物多样性和生态系统服务对比
Urban Biodiversity and Ecosystem Services in China and Germany

[德]卡斯滕·古内瓦尔德 Karsten Grunewald

李俊祥 Junxiang Li

谢高地 Gaodi Xie

[德]李纳德 Lennart Kümper-Schlake

编著

李俊祥　常　江　肖随丽　译

中国建筑工业出版社

图书在版编目（CIP）数据

面向绿色城市：中德城市生物多样性和生态系统服
务对比 = Towards Green Cities: Urban Biodiversity
and Ecosystem Services in China and Germany /（德）
卡斯滕·古内瓦尔德（Karsten Grunewald）等编著；李
俊祥，常江，肖随丽译 . —北京：中国建筑工业出版社，
2020.8 （2023.1重印）
ISBN 978-7-112-25298-5

Ⅰ.①面…　Ⅱ.①卡…　②李…　③常…　④肖…　Ⅲ.
①生态城市—城市规划—对比研究—中国、德国　Ⅳ.
①TU984.2②TU984.516

中国版本图书馆 CIP 数据核字（2020）第 114915 号

Translation from the English language edition:
Towards Green Cities: The Values of Urban Biodiversity and Ecosystem Services in China and
Germany by Karsten Grunewald, Junxiang Li, Gaodi Xi, Lennart Kümper-Schlake
Copyright © Springer International Publishing Switzerland [2018]. All Rights Reserved.
本书中文简体中文文字版专有翻译出版权由本书编者授予。未经许可，不得以任何手段和形
式复制或抄袭本书内容

责任编辑：焦　阳　王晓迪
责任校对：张惠雯

面向绿色城市
——中德城市生物多样性和生态系统服务对比
Towards Green Cities:
Urban Biodiversity and Ecosystem Services in China and Germany
［德］卡斯滕·古内瓦尔德 Karsten Grunewald　李俊祥 Junxiang Li
谢高地 Gaodi Xie　［德］李纳德 Lennart Kümper-Schlake　编著
李俊祥　常　江　肖随丽　译
*
中国建筑工业出版社出版、发行（北京海淀三里河路9号）
各地新华书店、建筑书店经销
逸品书装设计制版
北京建筑工业印刷厂印刷
*
开本：787毫米×1092毫米　1/16　印张：15½　字数：226千字
2020年12月第一版　2023年1月第二次印刷
定价：58.00 元
ISBN 978-7-112-25298-5
（36073）

版权所有　翻印必究
如有印装质量问题，可寄本社图书出版中心退换
（邮政编码100037）

序 言
PREFACE

　　当前，快速的城市化进程使得城市建成区不断趋于致密化，也使得边缘地区开敞空间逐渐减少。这造成了生态系统的破坏、动植物栖息地的改变以及生物多样性的丧失。同时，城市居民的福祉也因为不断增加的环境污染和气候变化风险而受到极大的影响。

　　在此情形下，城市绿色空间可以提供部分解决方案。城市绿色空间不仅可以改善空气质量、降低夏季高温、减缓洪涝影响、提供休憩空间，而且还能为许多物种提供栖息地。事实上，城市也是生物多样性保护的热点地区。此外，城市绿色空间还可以提供"家门口"的自然体验和环境教育，从而增进人们对环境保护的理解和认可。基于自然的解决方案可以帮助城市规划者和当地政府解决其所面临的挑战。

　　国际社会日益认识到保护和恢复城市生态系统（例如城市森林和湿地，城市公园和临时棕地）的必要性，并将其纳入相关议程和行动目标。比如，"联合国 2030 可持续发展目标""联合国第三次住房与城市可持续发展会议"等。在《生物多样性公约》制定的《2011—2020 年生物多样性战略计划》中，许多目标都与城市生物多样性保护和生态系统恢复息息相关。此外，正如本书第二章所述，许多国家战略和倡议，如"中国新型城镇化"和"德国城市绿色进程"等正在执行中。所有这些都强调利用基于自然的解决方案来解决中国、德国、欧洲以及其他地区因城市日益增长而带来的挑战。

　　由于基于自然的解决方案是一种相对新颖的可持续城市发展方案，本书第三章旨在阐明城市生物多样性和生态系统服务的意义和价值，并把这些意义和价值向不熟悉城市绿色空间效益和潜力的读者予以描述和传达。

　　知识和信息的缺乏常常影响方法的落实。因此，本书在第四章探讨了如何在土地资源紧缺的情况下增加城市绿色空间，并探讨将各种方法纳入城市规划过程的可能性以及可能遇到的障碍。来自中国和德国不同城市的案例将阐述如何通过战略规划和融资来有效地增加绿色空间。

　　本书第五章案例研究中提取建议，分析绿色城市发展的进一步挑战并揭示了从中德需进一步合作，这能够促进发挥双方基于自然的解决方案创新的巨大潜力。

　　本书所阐述的是可持续发展研究范畴下的新议题，创新意识不可或缺。长期以来，城市绿色空间的潜力在城市发展政策与科研领域中常常被忽视，在自然保护政策及相关研究中也只是边缘化议题。近年来，这种现象正在改变，我们很高兴能为城市的规划、设计与发展注入新的动力。

　　绿色城市研究项目最初的想法源于2015年中国环境科学研究院和德国联邦自然保护局联合召开的第八届中德生物多样性和自然保护研讨会。研究的初步成果在由中国环境保护部与德国联邦环境、自然保护、建筑和核安全部（BMUB）共同举办的中国南京2016年第五届中德环境论坛上进行了汇报。

　　我们对不同学科领域以及各大部委、政府机构和非学术机构组织为本书所提供的意见和建议深表感激。知识的融合与多学科、跨学科的合作是促进创新的关键，同时也有利于为城市规划者、决策者和利益相关方提供具体的建议，从"质"和"量"上提升城市绿色空间发展。

　　我们希望本书能够从自然保护的角度，为中德城市化与环境战略合作伙伴关系和其他利益相关方提供新的思路和灵感。我们感谢来自莱布尼兹生态城市与区域发展研究所、中国环境科学研究院、华东师范大学、中国矿业大学，以及萨尔茨堡大学和中国科学院地理科学与资源研究所等单位的作者们为本书所做的贡献。

李海生教授，中国环境科学研究院，中国北京
贝亚特·耶塞尔（Beate Jessel）教授，德国联邦自然保护局，德国波恩

目 录
Contents

1 城市生态系统方法 001

1.1 背景与目标 001

1.2 关键术语 007

参考文献 014

2 概念框架 019

2.1 中德绿色城市进程中的挑战 019

2.2 政策与概念 024

    2.2.1 政策和政治策略 025

    2.2.2 城市概念 029

    2.2.3 城市绿色空间与生物多样性市政策略 033

2.3 中德城市特征对比分析 036

参考文献 042

3 城市绿色空间的多重效益——生态系统服务评价 049

3.1 城市绿色空间的居民福祉和健康效应 051

3.2 城市生物多样性的作用 056

3.3 调节服务 ……………………………………………………… 062

   3.3.1 通过城市绿色空间调控微气候 ……………………… 062

   3.3.2 雨洪调节 ………………………………………………… 071

   3.3.3 净化空气 ………………………………………………… 077

3.4 城市"休闲"绿色空间的文化服务 …………………………… 082

3.5 供给服务 ……………………………………………………… 089

3.6 城市生物多样性和生态系统服务的经济效益 ……………… 092

3.7 我们的城市究竟能有多绿？ 城市绿化率分析 …………… 098

   参考文献 …………………………………………………………… 107

4 城市绿色空间开发的机遇与挑战 …………………… 127

4.1 绿色空间开发措施 …………………………………………… 127

   4.1.1 中国城市绿色空间规划体系 ………………………… 128

   4.1.2 德国的城市与绿色空间规划 ………………………… 131

   4.1.3 城市绿色空间开发的经济学手段 …………………… 137

4.2 提升城市绿色空间与生物多样性的途径 ………………… 142

   4.2.1 丰富城市绿色空间的手段与方法 …………………… 144

   4.2.2 提升绿色基础设施功能，改善人民生活 …………… 150

4.3 个案研究 ……………………………………………………… 157

   4.3.1 北京：以提升城市生态服务为宗旨 ………………… 157

   4.3.2 柏林：城市花园的复兴——人与自然和谐相处 …… 162

   4.3.3 上海：发展绿色基础设施——灰城变绿城 ………… 166

   4.3.4 慕尼黑：连接灰色与绿色基础设施的纽带 ………… 170

   4.3.5 徐州：一座处于结构变化中的城市 ………………… 173

   4.3.6 德累斯顿：生态网络中紧凑型城市典范 …………… 180

   4.3.7 成都市温江区：城市生态资产与服务 ……………… 186

4.3.8 波恩：社区间的项目"绿色 C"和"绿色基础设施"

综合行动方案 ⋯⋯⋯⋯⋯⋯⋯⋯⋯⋯⋯⋯⋯⋯⋯ 190

参考文献 ⋯⋯⋯⋯⋯⋯⋯⋯⋯⋯⋯⋯⋯⋯⋯⋯⋯⋯⋯ 193

5 面向绿色城市——行动与建议 ⋯⋯⋯⋯⋯⋯⋯ **205**

5.1 如何应对挑战？ ⋯⋯⋯⋯⋯⋯⋯⋯⋯⋯⋯⋯⋯⋯ 205

5.2 城市绿色空间和土地规划过程中多尺度、多目标应对指南 ⋯⋯ 213

5.3 合作潜力与前景展望 ⋯⋯⋯⋯⋯⋯⋯⋯⋯⋯⋯⋯ 219

参考文献 ⋯⋯⋯⋯⋯⋯⋯⋯⋯⋯⋯⋯⋯⋯⋯⋯⋯⋯⋯ 225

致 谢 ⋯⋯⋯⋯⋯⋯⋯⋯⋯⋯⋯⋯⋯⋯⋯⋯⋯⋯⋯⋯⋯ 229

中文版致谢 ⋯⋯⋯⋯⋯⋯⋯⋯⋯⋯⋯⋯⋯⋯⋯⋯⋯⋯ 230

作者名单 ⋯⋯⋯⋯⋯⋯⋯⋯⋯⋯⋯⋯⋯⋯⋯⋯⋯⋯⋯ 232

1 城市生态系统方法

卡斯滕·古内瓦尔德、李俊祥、

谢高地、李纳德

在城镇化和可持续发展的时代背景下，本书旨在捕捉、描述并传达城市生物多样性和生态系统服务对于各利益相关方的意义、价值和潜力。为实现可持续发展，本书在关注该领域全球发展现状和研究方法的基础上，重点阐述了中德两国当前进展和具体实践。本书的战略目标是使城市绿色空间的潜力和价值在城市规划和发展中不断提升并日益得到重视。因此，本书旨在分析和探索目前城市绿色空间研究的主要进程和紧迫问题。关于"绿色城市"中德能够从彼此身上学到什么，这一领域的核心概念有哪些，这些概念又该如何界定。

1.1 背景与目标

李纳德、陈博平、卡斯滕·古内瓦尔德

城市化是全球发展的一个主要表现，同时也是全球环境变化的一个关键驱动因素。除了人口、经济和社会变化因素之外，城市化进程对于城市中的生态系统、城市的外围地区以及偏远地区都有着重要的影响（MEA，2005；UNDP，2012）。几十年来，环境科学和自然保护领域的专业人士大多把注意力集中在大规模生态系统的保护和管理方面，而城市管理决策者们又往往忽略了城市绿色空间的重要性（Elmqvist et al，2013）。但是，近些年来日益严重的环境问题和生态系统转变所带来的风险得到日益改观。环境科学家、城市设计者和规划者、政治和商业决策者们正在开始考虑城市生态系统的相关价值和服务潜力，期待在保护自然的同时提升公众福祉（Wu，2014）。因此，本书介绍了该领域的近期发展，并将关注点放在中德两国如何促进城市生态系统保护和恢复的相关实践以及主流化举措上。

城市化进程和不断变化的城市生态系统

自 2008 年以来，超过一半的世界人口生活在城市中；到 2050 年，2/3 的人口（63 亿人）都将生活在巨大的城市群中。这些城市群 60% 以上都还亟待兴建（UN，2014a b）。到目前为止，许多发达国家如德国，城市人口的比重大约为 75%，但是在亚洲，特别是中国，城市人口比重的变化速度是最快的（表 1.1）。中国的城市化水平从 2000 年的 35.9% 上升至 2010 年的 49.2%（UN，2014a b），而且城镇人口有望在 2050 年超过总人口的 3/4。而在德国，经历了几年的人口迁徙乏力之后，主要城市正在经

全球城市化——现状与预测　　　　　　　　　**表 1.1**

（来源：UN，2014a b）

地区 / 国家	城镇人口比例 /%			平均年改变速度 /%
	1990 年	2014 年	2050 年	2010—2015 年
亚洲	32	48	64	1.5
中国	**26**	**54**	**76**	**2.4**
欧洲	68	69	78	0.1
德国	**73**	**75**	**83**	**0.3**
北美洲	75	81	87	0.2
拉丁美洲	71	80	86	0.3
非洲	31	40	56	1.1

历城市扩张和人口再度聚集的过程（见 2.3）。从全球范围看，在人口迁徙以及不断变化的居住和消费模式的共同作用下，城市边缘地区的居住和交通用地需求日益增加，而且城市的中心聚集化现象日趋显著，中德两国的城市也不例外（WBGU，2016）。

　　尽管城市只占据了地球表面积的 2%，但是城市人口的活动和需求却产生了 60% ～ 80% 的能源消耗、75% 的碳排放、60% 的居民用水量和3/4 的木材消耗（Grimm et al，2008；SDG，2015）。城市生态系统和临近自然的人口聚集中心以及近自然环境正在承受巨大压力，土地用途改变以及大气、水体和土壤污染导致城市生态系统功能和服务的不断削弱。这给超大城市的经济发展和社会的正常运行带来了巨大的风险（Kraas，2008）。考虑到人类发展和福祉的全球化，这种风险不仅是当地的也是世界的（WBGU，2016）。塞图和瑞恩伯格（Seto and Reenberg，2013）探讨了在城市化进程中的 5 种主要趋势（框 1.1）。这 5 种趋势对于生物多样性和生态系统服务可能有着某些启示，同时也为在城市中发展极具生态价值的绿色空间提供了机会。这些全球范围的观察和研究结果同样适用于中国和德国，本书会对此作进一步探讨。

框 1.1　城市化发展趋势及其影响（参看 Seto and Reenberg，2013）

1. 城市边界扩张速度远超过城市人口的增长速度。该趋势是基于城市人口不断增加以及土地不断被开发的一种假设，但有些地区，城市区域在缩小，也需要重建和更新（WBGU，2016）。
2. 由于城市热岛效应和降雨模式的改变，城市地区及区域的气候会有所不同。
3. 城市建成区的扩张将导致自然资源的过度使用，尤其是水资源（如截断河流水网）、木材和能源。城市边缘地带，土地利用的改变通常会占用农业耕地，同时也会带来生境、生物多样性和生态系统服务的连锁反应。
4. 城市扩张往往在靠近生物多样性热点的地区发展迅速，尤其在低海拔、生物多样性丰富的沿海地区发展速度更快。
5. 未来的城市扩张主要发生在经济水平和体制能力相对有限的区域，这将会对生物多样性和生态系统保护及修复的投入力度等带来一定影响。

城市生物多样性和生态系统服务

随着城市规模的不断扩张，城市形态不断变化，科学界和政治界也渐渐意识到保护、修复和设计城市生态系统的必要性。这种意识是基于城市绿色基础设施在应对气候变化以及提高生活品质方面的潜力，同时也有利于提高城市自然/生物多样性的保护和管理的能力。与大众认知不同的是，由于结构多样化和各种微气候的影响，城市其实是生物多样性的热点地区（Kowarik，2005）。一般而言，自然遗址、传统文化景观、人工设计的公园和园林以及城市－工业自然等各种形式的城市生物多样性区域都需要自然保护和管理（见 **3.2**）。在中国和德国，自然和传统文化景观都得到了法律保护，比如中国的生态红线制度。同时，考虑到结构多样性可以提高休闲娱乐的吸引力，新开发设计的公园能够更好地把休闲娱乐功能和生境保护结合在一起（见 **4.2**、**4.3**）。城市－工业自然已然呈现出高度的多样化，但是公众对此的认可依然莫衷一是（BMUB，2015）。由于城市的独特性，城市空间依然面临着再致密化建造活动的巨大压力（Schröder et al，2016）。

过去的 10 年间，除了关注城市生物多样性之外，国际科学界也关注如何将"以人为本"的生态系统服务方法应用到更广泛的领域（MEA，2005）。因为人类从完整的生态系统中能够获取多重效益，同时也比传统技术方法更节约成本、更有效。比如在国际和国家 TEEB 项目（即生态系统和生物多样性的经济学"The Economics of Ecosystems and Biodiversity"）（TEEB，2010；TEEB DE，2016）支持下，决策者们已经开始利用先前取得的成果，并持续支持相关领域的后续研究。

与城市生态系统服务紧密关联的是应对气候变化。为了提高城市结构的弹性，基于生态的方法使用得越来越多。城市中的易涝地区或者低地公园可以用来作为休闲区，市民可以在此休闲娱乐；同时，这些绿色空间还有助于缓冲洪涝或暴雨带来的影响，促进空气循环并减轻城市热岛效应（见 **3.3**）。推广"基于自然的解决方案"源于一种共识，即传统的规划方式，如大规模地改变和破坏自然景观和生态系统，使得城市在面对风险时显得极为脆弱，来自中德两国的案例分析研究很好地说明了这一点（见 **3.4**）。

在谈到城市绿色基础设施时，无论政治界还是科学界都愈发认同应以提升人类的福祉和生活品质为目标。人类福祉是城市可持续发展项目关注的焦点（Bai et al，2014），而城市绿色空间在休闲和提高生活品质方面也扮演着重要角色。以城市公园为例，它们受到了市民的高度欢迎并成为市民休闲放松的主要场所（BMUB，2015）。除了在增强幸福感、减少压力和降低高血压等人类公共健康方面的益处之外，城市绿地还可以提高城市魅力，吸引各种人才和青年精英（见 **3.1**、**4.2**）。

城市作为人口最为密集的社会生态系统，从自然遗址到相对小范围内的新建区，其中各种生态类型都相互作用、相互影响。因此，城市对于环境教育十分重要，知识在整个生态过程的各个环节聚集传递，极大地提高了人们对自然保护的接受度，不仅仅在城市，也包括其他地区（Schröder et al，2016）。

国际合作：可持续城市化领域的合作关系

城市生态学和城市绿色空间构建领域的学术和应用技术交流频繁，国际合作有利于提高决策速度和质量以及促进市政措施的落实。国际经验、教训以及最佳实践案例对于其他项目有重要的参考价值。正是在这些前提基础之上，"中国–东南亚国家联盟（ASEAN）生态环境友好发展（共同追求绿色发展）合作项目"和"欧盟–中国城市化合作项目"才得以发起实施。此外，中国住房和城乡建设部与德国联邦环境、自然保护、建筑和核安全部（BMUB）签署了中德城市化合作项目，以期加深在城市生态系统保护、恢复与重建领域的双边交流（见 **5.3**）。德国联邦自然保护局（BfN）和德国、中国以及其他的合作机构对此都予以大力支持。

这些合作项目有助于欧洲和亚洲的专家学者、政策制定者和城市规划者们把可持续性城市发展的政治目标转化为具体行动（见 **5.1**、**5.2**）。

国际和学科间以及跨学科之间开展生态友好城市的合作潜力是巨大的。
而且，作为中国关于可持续发展问题的首席国际咨询机构，中国环境
与发展国际合作委员会（China Council for International Cooperation on
Environment and Development，CCICED）已着手解决生态系统及其管理
的相关问题（Chen et al，2014），并致力于创建生态文明概念下的模范城
市（CCICED，2014），但是尚未将城市发展和生态系统管理放在一起进行
考量。

本书的目的与框架

本书旨在强调，在不断的城市化进程中，可持续城市发展的背景下，
城市生物多样性和生态系统服务对于不同的目标人群（政策制定者、城市
规划者、学者以及公共与私人决策者等）的相关性、价值和潜力。本书讨
论了目前国际上城市生态系统服务的主流化研究和落实手段，并对中德两
国所采用的不同方法进行了探讨，以期发挥城市绿色空间在城市规划和发
展中的价值和潜力。

作为城市发展的驱动力，城市化不仅仅意味着城市人口的增加，还意
味着市民对于城市住宅空间、基础设施、便捷交通、休闲活动和其他活动
日益增长的需求。在此背景下：

- 城市的自然环境应该扮演什么样的角色？
- 绿色空间能够提供什么样的服务和价值？
- 它们可以满足市民的需求吗？
- 在国家和城市层面上应该如何对绿色空间发展进行定位，对此又能
够给出怎样的建议？
- 我们的城市有多"绿"？它们究竟应该有多"绿"？

在这些问题的引导之下，此次中德两国研究团队的探索性研究将为支
持绿色城市发展的利益相关者们提供有据可依的参考。

1. 本研究的背景、目标和关键词
由来和拟研究的问题

2. 挑战、概念与策略、城市特征
城市生物多样性和生态系统服务是如何落实到国际、欧洲以及国家
（中国和德国）层面的？
它们是如何在城市发展和自然保护的规程、进程、行动方案和具体措施
中应用的？
中德两国的城市有无比较的可能性？

3. 城市生物多样性和生态系统服务的价值与效益
城市生态系统的哪些服务对于城市生活质量至关重要，并且与中德两国的
政策、社会息息相关？
有哪些实证案例可以很好地阐释城市生物多样性和城市绿色空间的格局、
意义和价值？

4. 城市中绿色空间的实施（规划、手段和选择方案）
在土地资源日益匮乏的背景下，涉及既有的城市开放空间系统、目标价值、规
划手段、提升绿色空间措施与程序以及当前的局限性的同时，如何将绿色空间
纳入城市规划和发展当中，有哪些选项值得推荐？
我们可以从优秀的实践案例中学到什么？

5. 绿色城市发展的建议和未来的挑战

本书框架结构和所选的研究问题 © 卡斯滕·古内瓦尔德

1.2 关键术语

由下列学者汇编并得到本书所有合著者的认可：玛蒂娜·阿尔特曼（Martina
Artmann）、奥拉夫·巴斯蒂安（Olaf Bastian）、约尔根·波伊斯特（Jürgen
Breuste）、卡斯滕·古内瓦尔德、尤利娅妮·马泰（Juliane Mathey）、斯蒂芬
妮·罗塞勒斯（Stefanie Rößler）、爱丽丝·施罗德（Alice Schröder）、安妮·
赛维特（Anne Seiwert）、拉尔夫－乌韦·思博（Ralf-Uwe Syrbe）和徐巧巧

城市地区 / 城市

根据联合国定义，**城市地区**至少具有下列属性之一（UNICEF，2012）：

1. 特定的行政或政治边界（自治区或市）。

2. 一定的人口数量（尽管没有定论，但城镇居民点的人口数量一般不低于 2000 人）。

3. 人口密度、经济功能（如绝大部分人口从事非农业活动，或者有剩余劳动力）。

4. 呈现出城市特征（如人工铺设的道路、路灯和下水道系统）。

城市可以被看作是永久的人类居住地，其具有彼此联系的三个维度（Kuper and Kuper，1996；ARL，2005）：

1. 经济和社会维度：作为经济和社会单元代表着经济与社会发展。

2. 政治维度：作为政治单元具有行政区划。

3. 物理结构维度：作为物理结构单元体现在建筑物、绿色空间和基础设施。

本书提到的城市主要是指政治维度下的行政单元。

绿色城市

"绿色"通常用于描述环境可持续性或者生态友好，相应地**绿色城市概念**在一定程度上遵循了可持续性城市发展的理念和愿景，并重点关注环境问题。例如，可以使用**绿色城市指标体系**对城市是否达到"绿色城市"标准进行测度（Siemens，2012）。

林德菲尔德与斯泰因贝里（Lindfield and Steinberg，2012）把绿色城市（即已经实现或者正在朝着长期的全方位环境可持续性发展的城市）和其他仍然沿着不可持续性发展轨迹发展的城市进行了区分。因此，绿色城市概念中的"绿色"并不仅限于绿色空间或植被，如树木或者道路两边的绿化，这个概念还涵盖其他方面，如城市农业、废水处理、生态革新、可持续交通方案等（BMUB，2015），这些也是可持续性城市发展的重要组成部分。然而，绿色城市概念还包含一种对城市的理解，即绿色空间是城市基础设施不可或缺的构成部分，从而被自然而然地融合到城市规划过程中去。"生态—城市"相关内容，请参见 **2.2**。

按照这种理解，绿色城市对于实现生态文明以及国家的可持续性发展至关重要。"绿色城市"这一标签有时也用于营销和宣传（如欧盟设立的"欧洲绿色首都奖"）。

在本书中"绿色城市"是指关注绿色空间、自然和生物多样性并将之看作可持续性城市关键要素的城市。

城市自然、城市绿色和城市绿色空间

城市自然、城市绿色以及城市绿地常常被当作同义词使用。**城市自然**涵盖了生物环境的方方面面，从个体物种到庞大的绿色空间（Schröder et al，2016）。根据德园 TEEB 项目的研究，城市自然涵盖所有城市自然元素（无生命元素、微生物、菌类、植物和动物）以及它们彼此功能性的联系（TEEB DE，2016）。它既包括自然和文化景观遗迹，也包括那些经过园艺设计或者重新开发利用后发生巨大变化的自然元素，如城市棕地。

狭义的**城市绿色**，通常指人类所使用的城市绿地。根据德国《城市绿色绿皮书》（BMUB，2015）的定义，城市绿色包括各种形式的城市绿色开放空间和经过植被绿化的建成空间，如公园、墓地、小块园地、棕地、运动休闲区域、街道绿化和行道树、公共建筑周边的绿化、自然保护区、林地和森林、私家花园、城市农业区域、绿色屋顶和垂直绿化以及其他绿色开放空间。

本书将**城市绿地空间**界定为直接用作主动或被动休闲的空间，或者由于对城市环境有着积极影响但被间接使用的空间，以及可以进入并满足市民多样化需求，从而提高城市生活质量的空间（URGE Team，2004；GreenKeys Team，2008）。作为生态系统服务的基本提供者，城市绿地可看作为城市居民提供服务的基本单元（Wurster and Artmann，2014）。

中国目前遵循由中华人民共和国住房和城乡建设部所颁布的"《城市绿地分类标准》CJJ/T 85-2017"（原 CJJ/T 85-2002 已废止）。城市绿地涵盖天然绿地和人工绿地，包括公园、种植园区、缓冲绿化带、附属绿地以及城市中其他形式的绿色空间。

"城市开放空间"这个术语尤其适用于德国，指的是城市结构中的开阔地或者没有建筑物的空地，也可以是自然遗迹、农业景观、人工设计的种植区和铺装区域，但共同点是都没有地面建筑物（例如 Richter，1981；Milchert，2003）。

在德国根据土地所有权和用途不同，城市绿地可分为公共绿地和私人绿地。相应地，绿地的责任、管理机制以及可进入性也会不同。相比之下，中国的土地使用制度具有独特性，土地所有权分为两种：国有城市土地和集体所有的农村土地。居民只拥有土地的使用权（Huang et al，2017）。本书中城市绿地指城市区域中的全部生物和自然元素，即公共绿地和私人绿地都包含其中。

绿色基础设施

在欧盟，绿色基础设施被定义为"高品质的自然和半自然区域以及其他环境特征构成的战略规划网络"（EC，2013；EEA，2014）。根据此定义，绿色基础设施涵盖农村和城市地区。但是，关于是否将绿色基础设施限定于城市地区的争议和讨论依然存在。绿色基础设施将绿地打造成一个统一规划、连贯的网络单元（Ahern，2007；Lennon，2015）。广义上，绿色基础设施涵盖了所有开放空间和绿地以及相应的福利和服务；而狭义上，这些福利和服务源于绿色基础设施的网络特性。打造绿色基础设施的方法具有如下共同特征（例如 Benedict and McMahon，2006；Pauleit et al，2011；Rouse and Bunster-Ossa，2013；Davies et al，2015）：

1.采用多尺度、多目标的方法，涵盖所有种类、不同规模的城市绿地。

2.聚焦不同规模绿地之间的连通性并致力于实现多种功能。

3.整合绿色基础设施和灰色基础设施。

蓝色基础设施如溪流、湖泊、池塘、人造洼地和雨水蓄水池等也是绿色基础设施的一部分（EC，2011；Elmqvist et al，2015）。

城市生物多样性

生物多样性作为一个概括性的术语，常被用来描述生态系统多样性以及生态系统中的种群、物种和基因多样性。根据联合国《生物多样性公约》（UN，1992），自然保护的目标是保护全世界的生物多样性，这同样适用于城市地区。但是，城市生物多样性保护不再仅仅是自然生态系统和本土物种的保护，而是整个城市生态系统以及相关生态服务的保护，同时也尽可能地保护物种。由于生物多样性保护是一个世界性话题，一些特殊的生态系统和物种都极具价值，这一点也适用于城市环境。

不同的是，在城市生态系统中，人类活动引起的生境丧失、生境破碎化和引进新物种等直接影响了生物多样性，或者是间接地影响城市气候、土壤、水文和生物地球化学循环等的改变（Kowarik，2005）。这就使得生物多样性在城市内外差异很大。城市物理环境的改变不仅会直接影响生物多样性，还会在很大程度上影响社会经济活动。然而，城市周边地区在一定程度上保留了近自然的生态环境（见 **3.2**），这同样是城市生物多样性的构成部分。因此，城市生物多样性应该予以合理的管理，从而让城市居民可以从生态系统服务中受益。作为全球发展的主要趋势，城市化带来了这样的问题：动植物在多大程度上可以在城市环境中生存？应该如何保护它们？应该怎样管理它们的栖息地？以及怎样才能使人类既能走近它们而又不会影响和伤害它们。

城市生态系统服务

生态系统服务指的是自然界对人类福祉所作出的直接与间接的贡献（根据《千年生态系统评估》；MEA，2005）。生态系统服务可以分为供给服务（如供应食物和原材料）、调节服务（如净化污染物和控制侵蚀）、文化服务（如景观美学、休闲和旅游）和支持服务（如土壤形成和光合作用），支持服务为其他三类服务提供了可能性，一般不作单独评估，因为其隐含在其他服务过程中。

城市生态系统服务可以有效保障城市生活质量，包括抵御自然灾害（TEEB，2010；Haase et al，2014 a b）。城市依赖于城市范畴之外的生态系统，但也会从城市内部的生态系统中获益（Bolund and Hunhammar，1999）。城市生态系统包含城市中的各种绿地，包括公园、城市森林、墓地、空置停车场、园林小院、垃圾填埋场以及行道树、绿色屋顶和绿墙。

由于生态系统和物种多样性也是生物多样性的一部分，生态系统服务和生物多样性常常被同时提及（例如 Ridder，2008；TEEB，2010）。生物多样性支撑着"生态系统功能"，但同时也是生态系统的供给服务之一（Grunewald and Bastian，2015）。

生态系统的社会价值可以借助生态系统服务概念来评估，并以货币或者非货币的形式体现。货币化评估可以提升公民的责任感以及决策者和规划者保护自然的意识（Grunewald and Bastian，2015），尤其是需求侧需要社会经济数据支撑的时候。但是，要想全面了解生态系统的价值，非货币价值也同样需要考虑（见 3）。城市生态系统服务通过将城市绿色的多重效益或者生态系统退化的影响可视化，为整合规划、经营和行政管理提供了关键联系，借此可实现向更可持续型城市的转变，并对城市系统的生态恢复力起到至关重要的作用。

城市规划

城市发展是由城市结构变化的多样化过程组成的（ARL，2005）。**城市规划**指的是城市或者城市地区空间发展的前瞻性操控（参看 ARL，2005），城市绿地的发展当然也涵盖其中。

作为空间规划的一个分支学科，**城市绿地规划**涉及城市中绿地的设计、融资和实现，包括绿地的界定、环境保护和自然保护。除此之外，改善和维护绿地也体现了社会责任的承担，有利于居民生活质量的提高（Wenzel and Schöbel，2001）。

城市地区的自然保护

在德国，根据《联邦自然保护法》，自然保护被定义为：作为人类生命和健康的基础，自然保护旨在保护人类居住区和非居住区的自然和景观，该保护源于自然本身的价值而非其他。自然保护涉及保护和发展生物多样性、自然平衡的能力和功能性以及自然的再生能力。自然与景观的美学和休闲价值也涵盖其中。除了对物种、生态系统（生物多样性）和非生物因素的保护之外，城市地区的自然保护还包括社会与文化方面的保护（Schröder et al，2016）。这个定义明确地表述了自然保护对于休闲、自然体验和人类健康的贡献（Rittel et al，2014）。而且，让居民主动参与自然体验，交流有关自然与环境的知识，可以鼓励人们更好地实现自然保护，这也是城市地区自然保护的一个重要方面（Schröder et al，2016）。中国城市地区的自然保护活动可参照 2010 年颁布实施的《中国国家生物多样性保护战略和行动计划（2011—2030）》（见 **2.2.1**）。

要想将保护生物多样性、自然资源和自然平衡的功能性与提高人类生活质量结合起来，就必须开发能够满足不同要求的绿地（Hansen et al，2012）。城市自然保护的具体目标如下：提供丰富的休闲与自然体验、观察野生生物的机会；提供环境教育、科研以及作为动植物群栖息地的开放空间和绿色空间的保护与开发的机会；防止自然灾害。

在过去的几十年间，城市自然保护的重要性日益受到重视，而且在今后将更是如此。在这样的背景下，城市应该被看作是一种新型的环境，其物种组成和生境是城市 – 工业地区所独有的。尤其是在城市地区，自然保护只有得到了大多数人的支持，或者至少是有一小部分人积极倡导呐喊支持，而大多数人沉默且极大地包容才可能得以实施（Wittig，1999）。

基于自然的解决方法被定义为"保护、可持续性管理并恢复自然或者人工修改过的生态系统的行为，这种行为可以有效并适应性地应对挑战，同时为人类提供福祉和生物多样性益处"（Cohen-Shacham et al，2016）。这是一种"……受自然的启发，得到自然的支持或者模仿自然"（EC，

2015）的行为，可以支撑生态系统的保护和恢复。基于自然的解决方法的
特征是通过提高和确保城市人口的福祉和促进经济增长以及保护城市生态
系统来为人类提供多维度效益的系统解决方法。这种方法和其他类似的概
念（如生态系统服务、绿色基础设施、基于生态系统的调整与适应）有重
合的部分，即都是针对城市与非城市生态系统所面临的压力和风险的分析
和应对。但是，基于自然的解决方法将焦点放在了应对社会挑战上，因此
与其他方法相比，它脱颖而出，为开发系统性方法以应对城市所面临的日
益增加的复杂性和社会挑战（如气候变化、资源消耗，以及生物多样性减
少）提供了极有价值的基础。

参考文献

Ahern J（2007）Green Infrastructure for Cities：The spatial dimension. In：Novotny
    V，Brown P（eds）Cities of the Future. Towards Integrated Sustainable Water and
    Landscape Management. IWA Publishing，London，pp 267–283.

ARL – Akademie für Raumforschung und Landesplanung（2005）Handwörterbuch der
    Raumordnung. Akademie für Raumforschung und Landesplanung，Hannover.

Bai X，Shi P，Liu Y（2014）Realizing China's urban dream. Nature 509：158–160.

Benedict MA，McMahon ET（2006）Green Infrastructure. Linking Landscapes and
    Communities. Island Press，Washington.

BMUB – Bundesministerium für Umwelt，Naturschutz，Bau und Reaktorsicherheit
    （2015）Grün in der Stadt – Für eine lebenswerte Zukunft. Grünbuch Stadtgrün.
    Bundesministerium für Umwelt，Naturschutz，Bau und Reaktorsicherheit，Berlin.

Bolund P，Hunhammar S（1999）Ecosystem Services in urban areas. Ecol Econ 29：
    293–301.

中国政府中国环境与发展国际合作委员会（2014）基于生态文明理念的城镇化发展
    模式与制度研究 [R/OL]. 特别政策研究报告.

CCICED – Chinese Government，China Council for International Cooperation on
    Environment and Development（2014）Good city models under the concept of
    ecological civilization. CCICED Special Policy Study Report，Beijing.

Chen Y，Jessel B，Fu B，Yu X，Pittock J（2014）Ecosystem Services and

Management Strategy in China. Springer.

Cohen-Shacham E, Walters G, Janzen C, Maginnis S (eds.)(2016) Nature-based Solutions to address global societal challenges. Gland, Switzerland : IUCN.

Davies C, Hansen R, Rall E, Pauleit S, Lafortezza R, De Bellis Y, Santos A, Tosics I et al (2015) Green Infrastructure Planning and Implementation. WP 5. Green Surge.

EC – European Commission (2011) EU Biodiversity Strategy to 2020. European Commission, December 2011. http : //register.consilium.europa.eu/doc/ srv?l=EN&f=ST%2018862%202011%20INIT. Accessed 31 Aug 2015.

EC – European Commission (2013) Building a Green Infrastructure for Europe. European Commission, Luxembourg.

EC – European Commission (2015) Towards an EU Research and Innovation policy agenda for nature-based solutions & re-naturing cities. Final report of the Horizon 2020 expert group on 'nature-based solutions and re-naturing cities'. European Commission, Brussels.

EEA – European Environment Agency (2014) Spatial analysis of green infrastructure in Europe. EEA Technical report, 2/2014. European Environment Agency, Copenhagen.

Elmqvist T et al. (2015) Benefits of restoring ecosystem services in urban areas. Current Opinion in Environmental Sciences 14 : 101–108.

GreenKeys Team (2008) GreenKeys @ Your City – A Guide for Urban Green Quality. IOER Leibniz Institute of Ecological and Regional Development, Dresden.

Grimm NB, Faeth SH, Golubiewski NE, Redman CL, Wu J, Bai X, Briggs JM (2008) Global Change and the Ecology of Cities. Science 319 : 756-760.

Grunewald K, Bastian O (eds)(2015) Ecosystem Services – Concept, Methods and Case Studies. Springer, Berlin, Heidelberg, New York.

Haase D, Frantzeskaki N, Elmqvist T (2014a) Ecosystem services in urban landscapes : practical applications and governance implications. Ambio 43 (4) : 407–412.

Haase D, Larondelle N, Andersson E, Artmann M, Borgström S, Breuste J, Gomez-Baggethun E, Gren A et al (2014b) A quantitative review of urban ecosystem service assessments : Concepts, models, and implementation. Ambio 43 (4) : 413–433. doi : 10.1007/s13280-014-0504-0.

Hansen R; Heidebach M, Kuchler F, Pauleit S (2012) Brachflächen im Spannungsfeld zwischen Naturschutz und (baulicher) Wiedernutzung. In : Bundesamt für

Naturschutz（Hrsg）BfN-Skripten 324. Bonn.

Huang D，Huang Y，Zhao X，Liu Z（2017）How do Deifferences in Land Ownership Types in China Affect Land Development? A case from Beijing. Susainability 9（1）：123. doi：10.3390/su9010123.

Kraas F（2008）Megacities – our global urban future. In：Derbyshire E（ed）The International Year of Planet Earth. London，pp 108–109.

Kowarik I（2005）Wild Urban Woodlands：Towards a Conceptual Framework. In：Kowarik I，Körner S（eds）Wild urban woodlands. New perspectives for urban forestry. Springer，Heidelberg，pp 1–32.

Kuper A，Kuper J（eds）（1996）The Social Science Encyclopedia. 2nd edition. Routledge，London.

Lennon M（2015）Green infrastructure and planning policy：a critical assessment. Local Environment 20（8）：957–980.

Lindfield M，Steinberg F（eds）（2012）Green cities. Mandaluyong City. Asian Development Bank，Philippines.

MEA – Millennium Ecosystem Assessment（2005）Ecosystem and human well-being：Scenarios，Vol 2. Island Press，Washington.

Milchert J（2003）Visionen für die Landschaftsarchitektur. Garten + Landschaft 11：23–25.

MoHURD – Ministry of Housing and Urban-Rural Development of the People's Republic of China（2002）The standard classification of urban green space in the People's Republic of China（in Chinese），http：//www.tzzfj.gov.cn/art/2016/6/22/art_8067_337107.html. Accessed 12 Dec 2016.

Pauleit S，Liu L，Ahern J，Kazmierczak A（2011）Multifunctional Green Infrastructure Planning to Promote Ecological Services in the City. In：Niemelä J（eds）：Urban Ecology. Patterns，Processes，and Applications pp 272–285. Oxford University Press，New York.

Richter G（ed）（1981）Handbuch Stadtgrün：Landschaftsarchitektur im städtischen Freiraum. BLV Verlagsgesellschaft，München.

Rouse DA，Bunster-Ossa I F（2013）Green Infrastructure：A Landscape Approach. APA Planning Advisory Service.

Schröder A，Arndt T，Mayer F（2016）Naturschutz in der Stadt – Grundlagen，Ziele und Perspektiven（Nature conservation in the city – Basic principles，aims and perspectives）. Natur und Landschaft 91（7）：306–313.

SDG – Sustainable Development Goals（2015）Sustainable Development Goals：FACT SHEET. http：//www.un.org/sustainabledevelopment/wp-content/ uploads/2015/08/ Factsheet_Summit.pdf. Accessed 10 Feb 2016.

Seto KC，Reenberg A（2013）Rethinking Global Land Use in an Urban Era. Cambridge. The MIT Press.

Siemens AG（2012）The Green City Index. www.siemens.com/greencityindex. Accessed 12 Dec 2016.

TEEB – The Economics of Ecosystems and Biodiversity（2010）The Economics of Ecosystems and Biodiversity：Ecological and Economic Foundations. In：Kumar P（ed）Earthscan, London, Washington.

TEEB DE - Naturkapital Deutschland（2016）：Ökosystemlesitungen in der Stadt – Gesundheit schützen und Lebensqualität erhöhen. In：Kowarik I, Bartz R, Brenck M（ed）Technische Universität Berlin, Helmholtz-Zentrum für Umweltforschung – UFZ, Berlin, Leipzig.

UNDP –United Nations Development Programme（2012）The Future We Want：Biodiversity and Ecosystems Driving – Sustainable Development. United Nations Development Programme Biodiversity and Ecosystems Global Framework 2012–2020. New York.

UNICEF – United Nations Children's Fund（2012）The State of the World's Children.

UN – United Nations（2014a）Convention on Biological Diversity. Concluded at Rio de Janeiro on 5 June 1992.

UN – United Nations（2014b）World Urbanization Prospects：The 2014 Revision, Highlights（ST/ESA/SER.A/352）. New York.

URGE-Team（2004）Making Greener Cities – A Practical Guide. UFZ-Bericht Nr. 8. Stadtökologische Forschungen 37. UFZ Leipzig-Halle, Leipzig.

WBGU – Wissenschaftlicher Beirat der Bundesregierung Globale Umwelt-veränderungen（2016）Der Umzug der Menschheit：Die transformative Kraft der Städte. Wissenschaftlicher Beirat der Bundesregierung Globale Umwelt-veränderungen, Berlin.

Wenzel J，Schöbel S（2001）Weite Felder：Jenseits einer Theorie zukünftiger Landschaftsarchitektur. DAB – Deutsches Architekten Blatt 7.

Wittig R（1999）：Was soll, kann und darf der Naturschutz in der Stadt-Geobot. Kolloq. 14：3–6, Frankfurt.

Wu J（2014）Urban ecology and sustainability：The state-of-the science and future directions. Landscape and Urban Planning 125：209–221.

Wurster D，Artmann M（2014）Non-monetary assessment of urban ecosystem services at the site level – development of a methodology for a standardized selection， mapping and assessment of representative sites. Ambio 43（4）：454–465. doi： 10.1007/s13280-014-0502-2.

2 概念框架

约尔根·波伊斯特、李俊祥、卡斯滕·古内瓦尔德

绿色城市的实施方法必须始终基于公认的实际情况和预期的挑战。首要的工作就是制定一些策略来应对这些挑战。这些策略必须由一些清晰而有针对性的概念构成，这是本章也是整本书的主要思想。要在两个大小、人口规模和城市化水平截然不同的国家（见 **2.3**）做到这一点本身就是一个挑战。要想取得积极的结果，在中国可能会比在德国更有难度。但是，这些策略可以很容易地进行比较，而且双方可以相互学习和了解策略及概念执行的效率。

2.1 中德绿色城市进程中的挑战

约尔根·波伊斯特、李俊祥

中德两国在人口规模、国土面积和文化上相差甚大，但却共同面临着类似的由城市化导致的挑战。而且，这些挑战尽管在维度上存在一定的差异，但是在其主要方面却差别不大（表2.1）。

因此，研究的重点不应放在那些某一国独有的挑战，如德国的一些城市面临的城市收缩问题，或者去工业化的处理，又或者某一国内特殊地区性的问题；相反，我们应该聚焦那些两国共同面临的挑战。同时还

2014 年中德城市化与生态城市发展的不同条件（简略概述）　表 2.1

	中国	德国
城市化率	54%	75%
经济增长速度	经济增长速度快，呈下降趋势	经济增长速度慢，呈下降趋势
城市增长	城市增长速度极其迅速，但地区差异巨大；目标是实现发达国家的城市化程度；法律明令禁止将农业耕地变为建筑用地，但未得到全面实施	城市增长缓慢，主要通过城市内部结构的变化实现增长，但城市扩张和城市占用的农村土地仍在持续增加
城市化管理	中央调控的城市发展政策；城市为了争夺中央分配的财政支持相互竞争；地方和区域间存在经济竞争 新城建设和旧城改造：通过彻底改造和新建城市结构（基础设施、住宅存量、开放空间、工业等）来实现，但同时也进行文化瑰宝的保护。近年来这一现象的发展速度已经放缓	地方、区域和国家共同主导的城市发展（如：国家、区域、地方上应对可持续性发展、气候变化、生物多样性减少、棕地开发等不同挑战时会采用不同的策略）；决策是基于经济资源的竞争和政府的调节；城市和周围社区间存在竞争
城市发展的生态原则	新城建设成为生态城市的中央管理策略，缺乏市民的参与，城市设计仅基于零碎的城市生态知识。但是随着中央和 / 或地方政府努力把健全的生态知识运用到决策和城市规划与设计中去，这一现象正在发生改变	在城市管理区层面上，随着市民和非政府组织（NGO）的参与，已经建立了基于城市生态知识的决策和城市设计的良好示范
绿色政策	基于在土地、建设和管理上的高财政投入，很多城市实行强有力的绿地发展政策和城市绿地扩建；城市生态空间建设和环境保护更多是以经济和行政管理为导向，而非以生态为导向	城市绿地发展政策的不同途径：国家层面（如城市绿化白皮书、国家战略）、区域层面（如区域规划）、地方层面（如景观、绿地总体规划、绿地或生物多样性战略）、各种支撑项目等
城市自然的发展	建设新的城市自然，尤其是为了休闲和生物多样性保护而种植的城市森林，以及设计新的城市湿地	保护现有的城市自然，特别是为了休闲和生物多样性保护的城市森林和湿地。在城市重建过程中，在棕地上新建一部分城市自然（城市荒野）。发展绿色网络，将城市中的绿色空间与生境相连接

包括公共、规划和行政管理方面应对挑战的反应以及克服这些挑战所采用的方法。

　　城市地区在不到地球表面 3% 的土地上聚集了超过 50% 的世界人口，这为土地可持续性利用提供了巨大机遇（框 2.1）。城市地区的发展，包括基础设施的健全、经济建设的增长和生活质量的提高，一定要与自然和环境的保护相协调。全球许多城市都在倡议推行"绿色"城市发展（图 2.1），作为这一基础的概念是多样化的。因此，有必要构建透明的、基于指标的评价体系以确保规划和行动能切实增加城市的可持续性及提供城市居民更高的生活质量（框 2.2）。

框 2.1　更大的个人居住空间推动中德两国的城市增长和资源消耗

　　在德国，追求更大人均住宅面积的趋势与日俱增。1998—2013 年，人均住宅面积从 39m² 增长到了 46.3m²，而污染水平保持不变甚至呈下降趋势。其原因是：经济福利催生了更多的个人住宅结构（单人或者双人公寓），同时对于私人空间的需求日益增长（BiB，2013）。

　　在中国的 2.3 亿城市家庭中，仍有大约 5000 万户居民居住在拥挤不堪、不合标准的地区。到 2030 年前，中国每年仍将需要建造 1000 万套住宅（Orlik and Fung，2012）。目前，中国人均居住面积已达 32.9m²，上海则为 24.2m²（GBTimes，2015）。这种个人空间资源消费的上涨趋势导致了二氧化碳排放、车辆、污染、能源和材料使用量等的增加，以及许多其他与可持续性城市发展相关的重要因素的变化。

　　单凭技术手段无法应对大多数挑战。要想解决这些挑战，必须辅以减少资源消耗的行为，以及长期的使公众接受，进行公众教育的过程。生态系统的潜力常常被称之为"基于自然的解决方案"，可以用来作为支撑。对于城市自然能够解决的问题，我们首先必须谨慎确认，既不能高估城市自然的能力，也不能低估甚至忽视它。在许多情况下，我们必须将技术、行为和城市自然这三个方面结合起来才能更好地应对当代以及未来建设弹性城市所遇到的挑战。

图 2.1 绿地可以融进城市格局

（a）北京市居民区的城市绿地；（b）德累斯顿市居民区的城市绿地；（c）北京市的无绿道路和空气污染；（d）北京市的绿色街道 / 停车场 © 约尔根·波伊斯特

框 2.2 中德两国发展绿色城市道路上的十大挑战（参看 **Breuste et al, 2016**）

1. 城市土地消耗日益增加

用于建筑行为的土地和城市群中心以及周边的资源利用不断增长，而这又和肥沃的农业用地以及其他自然资源的日益消耗紧密相关。

2. 低密度城市扩张

个人居住条件的改善和城市的个性化使得人们更偏爱低密度住宅和更多个人空间。这种需求在德国很高，在中国也在日益增加。

3. 由于空气和水污染以及噪声导致的不健康的城市生活条件

大多数不健康的城市生活条件是由污染的空气和水，绿色空间太少以及噪声造成的。这样的生活环境对于中国居民而言尤为普遍。

4. 气候变化

气候变化会加剧城市地区的热状况，对敏感人群和户外工作的人群来说将是一个健康风险。

5.城市绿地的不均衡分布

在大多数城市中，城市绿地都不是均衡分布的，并不是所有人都可以享受绿地并从中受益。

6.在制定与社区相关的决策时把居民排除在外

只有为大家所接受的决策才是可持续的。很多人想要参与到事关他们自身环境的决策制定过程中来，因为他们最清楚缺少什么样的以及哪里缺少城市绿地。在许多方面，尤其是在中国，普通人仍然无法参与决策制定的过程。

7.未使用现有的科学与实践知识

许多新的开发项目都未能将现有生态知识的最高标准纳入建筑物和绿色空间组织。尤其是在中国，尽管到处都在大力推进城市发展，但是在大多数时候，针对建筑物和开放空间的生态标准并未被执行。

8.对地方工作的公共预算缩减

在许多社区，由于高昂的后续维护费用，预算的缩减使得绿色空间开发难以为继。德国的极其个别情况如此，然而中国却普遍面临这一问题。

9.城市居民失去了接触自然的机会

接触自然对于健康十分必要，同样对于理解自然并从中获益也是不可或缺的。多数城市居民已然丧失了与自然亲密接触的机会，但他们都想要重新拥有这样的机会。

10.现有的城市不是可持续城市

目前的城市形式、内部空间质量、活力表现、交通组织等都无法做到可持续性，无法做到弹性应对未来的挑战。

下面是可持续性城市发展与城市自然融合过程中遇到的一些科学方面的挑战：

——国际社会对城市自然及其在提供生态系统服务过程中的作用热议不断（Breuste et al，2013；Kabisch et al，2015；Von Döhren and Haase，2015；Hansen and Pauleit，2014；Hansen et al，2015）。城市生态系统服务和城市生物多样性的分析与评估要科学合理，并且要以实践为导向。目前迫切需要将城市自然的概念融入城市规划和管理中来（Pauleit et al，2011；Hansen and Pauleit，2014；Hansen et al，2015）。

　　—— 作为城市绿色基础设施的一部分，绿色和蓝色空间的贡献需要从其对人类、生物多样性和适应气候变化的贡献方面进行评估（Gill et al，2007；Fryd et al，2011；Breuste and Artmann，2014；Loibl et al，2014）。

　　—— 在城市生态系统服务和生物多样性之间可以进行权衡。有必要调查一下它们在不同的城市环境下是如何彼此依赖的（Breuste et al，2013；Wang et al，2016）。

　　—— 调查和实施的尺度是一个专门的分析与评估问题（Andersson et al，2015）。地方层面的生态系统服务提供是重要的，但是需要纳入城市和区域尺度的建设绿色基础设施的战略框架中（Pauleit et al，2011）。

　　—— 建立更好的城乡关系对于欧洲和中国都是至关重要的（Spiekermann et al，2013）。需要特别关注服务提供单元与决策制定单元之间的匹配度（Borgström et al，2006）。

　　—— 城市水域是城市绿色—蓝色基础设施的重要组成部分。许多城市正在进行水域保护及重建工作，目的是为了让人类能够从城市自然中受益（见 **3.3.2**）。

　　—— 减少土壤板结是许多城市的一个普遍目标，对此的改进方法也被广泛讨论（Pauleit and Breuste，2011；Artmann，2014）。

2.2 政策与概念

尤利娅妮·马泰、斯蒂芬妮·罗塞勒斯、安妮·赛维特、
常江、胡庭浩、肖随丽和徐巧巧

　　在本研究中，作为城市发展的概念之一，"绿色城市"指的是一个促进城市生物多样性以形成绿色基础设施的城市，一个可以提供基于自然的解决方案的生态系统服务以应对城市挑战的城市。

　　战略性和概念性研究方法有助于确定城市发展的目标以及城市未来的空间结构（Yu et al，2011）。如果整个城市开放空间系统的发展方法能实

施，那么它们就能成为决策制定的坚实基础（Hansen and Pauleit，2014），从而促进"绿色城市"的发展。

为了应对上述挑战（见 **2.1**）并消解与之相关的问题，催生了一系列指向不同规划层次的政策、概念和战略，包括：国家层面、区域层面和地方层面（全市层面和街区层面）。

这些概念一方面为城市结构规划提供了思路，另一方面也为实现"打造绿色城市"这一具体目标助力良多。为了实施这些政策、模式和概念，一般需要战略规划或者战略方法。布赖森（Bryson，2004）把战略规划定义为："一种制定基本决策和行动的有纪律且训练有素的努力，以塑造和指导一个组织（或者其他实体）是什么，做什么，以及为什么这样做。"它包含一系列的概念、方法和手段。布赖森进一步强调，战略规划是一种在整体和组织环境下支撑思考、行动和学习的工具。策略可以被看作非正式的规划手段。战略方法可以针对城市的空间结构、城市绿地系统的质量与功能以及具体的实施过程。

下一节将介绍促进绿色城市发展的主要方法：政策和政治策略、城市概念和市政绿色策略。

2.2.1 政策和政治策略

政治策略意在推进政治观点（Schröder，2000）。目前"绿色城市"这一概念正在通过诸多的政治策略在不同的空间和政治层面上进行大力推广宣传。

全球策略

2015 年提出的 17 个可持续发展目标考虑到了方方面面——生态、经济和社会维度，这是迄今为止所提出的最为全面的可持续发展目标。例如，第十一个目标的核心内容之一是能普遍提供安全、无歧视、可接近的绿色和公共空间，尤其对于妇女儿童、老年人和残疾人士（UN，2015）。

自1978年以来，联合国人类住区规划署（以下简称"联合国人居署"）就一直特别关注城市空间，致力于推动社会和生态可持续人居的发展（UN-Habitat，2012）。在2016年10月召开的人居三大会上，通过了《新城市议程》，旨在为今后20年城市发展提供一个政策指导。生态可持续性是城市住区诸多目标中的一个，尤其需要通过保护、恢复生态系统及生物多样性并促进其发展，以使健康的生活方式与自然、城市韧性和气候变化相协调。除此在外，也应推广以多功能区域形式呈现的安全、无歧视、可接近的绿色公共空间（UN，2016）。

此外在国际层面，《生物多样性公约》也被视为促进和保护生物多样性的重要文件（Harrop and Pritchard，2011）。截至目前，包括中国和德国在内的196个缔约国（以2016年9月为准；CBD，2016）都已经批准了该公约。

欧洲和德国的策略

除了这些全球策略外，一个国家多样化的生态特征以及在保护和可持续开发其生物资源过程中涉及的其特有的社会、政治和经济因素也需要国家级与次国家级层面的响应（Harrop and Pritchard，2011）。因此，《生物多样性公约》仅仅只是作为每个国家策略的概念框架。在德国，2007年通过的《生物多样性国家战略》（BMU，2007）就是为了满足这些需求，通过展示德国在国家和国际层面上为生物多样性保护做出的贡献，为不同的部门提供指引（Stiehr，2009）。它的具体愿景之一就与城市景观有关，并旨在提高居住区的绿色空间，例如开启绿色空间或者对居住区进行生态升级。

德国的《城市绿色绿皮书》总结了城市绿色发展的知识经验（BMUB，2015），在此基础上，2017年5月发布了"白皮书"，提出了10个实施领域的具体行动和执行建议。自2011年以来，"2020欧盟生物多样性战略"致力于扭转生物多样性减少的局面并加速欧盟朝着资源节约型、环境友好型经济的转变（EU COM，2011）。在城市绿色景观高度碎片化的背景之下，2013年出版的《欧盟绿色基础设施战略》旨在促进欧盟范围内绿色基础设施建设。建立绿色基础设施可以促进保护和改善生态系统及其提供的服务（EU COM，2011）。此外，绿色基础设施也被视为将生物多样性问题纳入其他政策部门的一个契机（EU COM，2013）。

城市绿地的开发与城市土地利用密切相关。德国的国家可持续性发展战略要求，到 2030 年取用住宅和交通基础设施用地要减少至不超过 30hm²/d（Die Bundesregierung，2016）。要想实现这个目标，主要依靠避免城市扩张和发展紧凑型城市。后者主要通过在现有的城市结构中进行填充式开发，这对城市中绿色空间的提供有着一定的影响。为了解决这一冲突，引入了"双重内向型开发"方法，以确保在城市地区进行建筑活动的同时保证高质量的绿色空间不受影响（Kühnau et al，2016）。

中国的策略

中国政府于 1992 年批准了《生物多样性公约》之后，在 1994 年发布了《中国生物多样性保护行动计划》，并于 2010 年升级为《中国国家生物多样性保护战略与行动计划（2011—2030）》，从国家层面上引导生物多样性的保护工作[1]。为了强调城市地区生物多样性和绿色空间的重要性，中国环境保护部在 2000 年颁布了《国家园林城市标准》[2]，建设部在 2002 年颁布了《关于加强城市生物多样性保护工作的通知》[3]，为评估生物多样性和绿色空间的状况制定了明确的指标和目标，以便更好地保护和恢复生物多样性及绿色空间的生态与文化服务以及社会经济效益。

最近，中国《"十三五"（2016—2020）生态环境保护规划》[4]出台，这个国家级的法律文件确定了未来五年中国生态环境保护的方向、原则、基线和目标，制定了保护工作的策略。在这个文件中提到将保护城市生物多样性和恢复城市绿地当作扩大生态服务的关键辅助因素。此外，由住房和

---

[1] https：//www.cbd.int/doc/world/cn/cn-nbsap-v2-en.pdf

[2] http：//www.mohurd.gov.cn/lswj/tz/201012502.doc

[3] http：//www.mohurd.gov.cn/zcfg/jsbwj_0/jsbwjcsjs/200611/t20061101_157066.html

[4] http：//www.gov.cn/zhengce/content/2016-12-05/content_5143290.htm

城乡建设部和环境保护部于 2016 年 12 月联合颁发的《全国城市生态保护与建设规划（2015—2020 年）》[1] 提出要改善居住环境，加强城市生物多样性保护工作力度以及恢复城市生态环境。为了实现国家规划确定的这些目标，各省市通常会制定自己的五年计划，列出具体的发展目标，如人均城市公园面积。

中国国民经济与社会发展计划，也被称作"五年计划"，是在一定时期内国民经济和社会发展的主导计划。与具体的实施方案不同，它发挥着主导性作用。自 1953 年以来，中国已经制定了 13 个"五年计划"，涵盖了经济和社会发展、工业、IT、生态和环境保护等诸多方面。关于绿色空间开发，这些计划主要起到了把控方向的作用，并在国家层面上制定了总体指标。

"生态文明"是"十三五"规划中的一个新的政府战略。生态文明的核心和实质是维护自然生态平衡，实现人与自然之间的和谐。具体的框架包括：强化生态发展、控制土地使用、开发主要功能区、加强生态社会建设、提高公民的生态发展意识、建立生态文明体系以及国家公园系统。

环境保护和生态控制计划在国家层面上，是在促进绿色空间发展方面起着积极的作用的一系列计划的总称。这类计划进一步增加和完善了国民经济与社会发展计划中关于绿色空间发展及环境保护的相关规定，为绿色空间的发展提供了思路和指导。这些计划和纲要主要是由国务院、生态环境部（原环境保护部）、住房和城乡建设部、国家林业局等部门指定发布。表 2.2 列出了一些近年来颁布的环保和生态控制项目，它们在推动绿色空间发展方面起到了积极的作用。然而，中国尚未出台国家层面上的以绿色空间或者绿色基础设施系统为主题的专项规划。

---

[1] http://www.mohurd.gov.cn/wjfb/201612/t20161222_230049.html

国家层面上推动绿色空间发展的计划与项目　　　表 2.2

项目计划	部门	规划期	绿色空间发展要求
促进生态文明发展计划	国家林业局	2013—2020 年	提出了城市林业和美丽乡村发展的具体要求
全国主体功能区规划	国务院、中央人民政府	2010 年颁布,计划在 2020 年实施完成	将国土空间划分为优化开发、重点开发、限制开发和禁止开发 4 类。该规划强调了绿色空间保护对于可持续国土开发至关重要的作用
全国生态保护与建设规划	国家发展改革委与十二部委	2013—2020 年	提出了 5 条针对改善城市生态的具体建议:城市绿色系统规划、城市森林和郊野公园建设、城市热岛控制、城市水质量管理、城市立体绿化和低海拔绿地建设
国家造林项目	国家林业局	2011—2020 年	提出了对城市和乡村植树造林、绿色通道和绿色网络建设、采石地区的修复工作的要求和措施
生态功能区规划	环境保护部、中国科学院	自 2015 年开始	根据自然条件和生态系统服务潜力,"生态功能区"在全国范围内可以被划分为三大类:生态调节功能区、产品提供功能区与人居保障功能区。全国目前有 242 个这样的区域

2.2.2 城市概念

不同利益相关者通过沟通最终能够对城市绿地发展的愿景达成共识,这或许可以支持不同利益间的协调以及城市发展具体措施的实施工作(Becker,2010;WBGU,2016)。

所谓的"使命宣言"(原文为德文:Leitibilder)是关于城市发展的愿景、指导原则、整体概念或者目标,它用来在不同情境下(Kuder,2008)传达应对社会、环境、经济变化的"未来城市"的概念(Rößler,2010)。由于各自的起源不同,它们的基本原理、范围、相关性和内容都各不相同(Fürst et al,1999)。具体而言可以区分为三大类(Sieverts,1998):

1."城市乌托邦"以象征性的维度界定理想的城市框架,将空间、社会和经济等方面整合在一起（例如花园城市）（Howard，1898）。

2.“结构模型”关注的焦点是城市形态、物理结构、土地利用和空间形式（如多中心型城市模式、紧凑型城市、绿环等，见 **4.2**）。

3.“口号”，通过战略定位、座右铭和流行语，再生出更复杂的想法和愿景，常被用作营销手段或者在竞赛中使用（如温哥华“最绿的城市”；金色／花园城市——温江，见 **4.3.7**）。

大多数城市策略都是将不止一种模式中的某些方面结合起来，形成了普遍但又独特的城市策略。

绿色空间在这些方法中得到了明确的阐释。自 20 世纪初期以来，城市绿地的社会、健康和经济功能已经被社会关注，如花园城市（Howard，1898），有机分散主义（Zhao，2011）。目前，绿色空间及其功能（生态系统服务）是城市概念中的核心和自然要素（Breuste et al，2013）。

概念的种类以及新的、附加的甚至彼此矛盾的概念产生的速度都在不断增长。不同的方法策略“常常被政策制定者、规划者和开发者们互换使用”（de Jong et al，2015）。尽管会有部分重叠，但每一个概念都有自己的概念核心和视角，正是这一点把它们彼此区分开来。

流传最广的概念（也是迄今的主流概念）是“可持续城市”。起初，可持续发展被定义为既满足当代人需要，又不对后代人满足其自身需要的能力构成危害的发展（Brundtland Commission，1987）。在 1991 年，联合国人居署（UNCHS）把可持续城市定义为一个“所取得的社会、经济和自然发展成就是可以持久的城市”（UN-Habitat，2002）。由于这个定义被认为过于宽泛，尤其是缺乏生态的内容（Rees，1992），自 20 世纪 90 年代初以来对于可持续城市的目标一直争议不断（DESA，2013）。随后，《里约环境与发展宣言》（UN，1992）整合了可持续性的经济、社会、环境和治理等多个维度。在欧洲《莱比锡宪章》中已经明确指出：“可持续发展的所有维度都应该同时以同等重要的程度进行考量。这些维度包括经济繁荣、社会平衡和健康的环境，同时也应该注意到文化和健康。”（EU，2007）自 2000 年以来“可持续城市主义”的概念和实践在国际社会日益流行开来，由于对全球气候变化的关注以及世界快速城市化的人口迁移，该概念已经进入主流政策当中（Huang et al，2015）。同时，这个术语也伴有很多姊妹术语，例如"生态城市"、"绿色城市"、"低碳城市"、"弹性城市"还有"紧凑城市"等，它们甚至取代了"可持续城市主义"一词（Joss et al，2011；de Jong et al，2015）。

"生态城市"这个概念起始于 20 世纪 70 年代中期，致力于建设（重建）与自然均衡发展的城市（de Jong et al，2015）。它被定义为"依据在环境所能承受的范围内生活的原则而建立的城市"（Register，1973）。关注城市发展的生态原则的方法也是遵从了联合国教科文组织的《人与生物圈计划》中的观点（Zhao，2011）。这个概念慢慢发展出了更宽泛的理解和多种解读与释义，如"生态或许是主要的，但绝对不是唯一的"（de Jong et al，2015）。"生态城市"这个术语被越来越多地用来描述城市可持续发展，重点关注生态方面如资源效率、低碳发展或者减少废物。建设生态城市的具体项目是一系列倡议，包括在辖区、城镇和城市层面上，不断促进和追求与城市基础设施、服务和社区有关的可持续发展（Joss，2015）。在中国，有超过 500 个"生态城市（县城）"和示范项目正在建设当中。生态城市的旗舰项目如中国—新加坡天津项目已经建成（Shepard，2015）。同时，"生态城市"也充当了"涵盖性术语，把各种致力于继续推进城市可持续性的概念、模式和实践包含其中，不管它们是社区层面还是城市或者城市—区域层面"（Joss et al，2011）（表 2.3）。

与生态城市相关的概念综述 表 2.3
（Joss et al，2011）

可持续型城市	与"生态城市／镇"同义。联合国人居署可持续城市项目自 20 世纪 90 年代初期以来就一直在推广这个概念
可持续社区	与"生态社区"同义
智慧城市	用来强调发展的高科技方面：智能电网、IT 网络以及相关的利用效率和服务提供
苗条城市	世界经济论坛知识转移项目鼓励城市提高部门间的效率，如能源、交通、建筑工程等

续表

紧凑城市	这个术语和城市扩张的意思截然相反。它是一个非常有影响力的城市设计理念，其指导原则包括高住宅密度和不鼓励使用私家车
零能耗城市 / 净零能耗城市	仅使用本地能生产的能源量。这是通过一系列的措施实现的，如降低能源消耗和引进新的可再生能源
低碳城市	在本术语以及随后的两个术语中都提到了碳，这或许反映了国家创建"低碳经济"的愿望。降低碳排放常被作为应对气候变化的政策的一部分。重点是城市的物理方面：能源、交通、基础设施和建筑物。"碳"有时被用作所有温室气体的简称
碳中和城市 / 零排放城市	和"低碳城市"相似，除了被更严格地定义为能够抵消其排放的碳 / 温室气体的城市，即其温室气体净排放为零
零碳城市	更严格的界定，指的是一个不产生温室气体的城市，其运行完全依靠可再生能源
太阳能城市	相对狭义地聚焦在用太阳能取代化石燃料。印度政府的太阳能城市项目的目标是将传统能源的使用率降低 10%，太阳能是要加以推广的可再生能源的一部分
生态城市	作为"Ökostadt"的德语直译，"生态城市"具体指的是奥地利、德国和瑞士的一系列城镇。这些城镇在 20 世纪 90 年代宣布引入良性环境管理和可持续性发展原则，现在常被作为"21 世纪议程项目"的一部分
转型城镇	始于英国和爱尔兰的"城镇转型运动"已经持续发展为国际现象。城镇转型活动通常都是在基层组织发起，而不是来自宏观政策，其目的在于增强当地社区的社会和环境适应能力，以应对气候变化和化石燃料短缺带来的影响。气候变化和化石燃料短缺在未来是不可避免的
生态政府	"生态政府"（Eco-Municipality）指一个地方政府接受了一系列的与环境和社会可持续性相关的价值观，并用以引导政策制定。这项运动和瑞典联系紧密（20 世纪 80 年代起源于此），但最近在美国也取得了进展

目前，"生态城市"和"绿色城市"，作为可持续发展的出发点概念（Beatley，2012）正在生成并不断传播。但是联合国指出："城市可持续性应该被理解为一个更宽泛的概念，这一点很重要。它将社会发展、经济发展、环境管理和城市治理整合起来，城市政府应该与国家政府和机构协调作出管理和投资决定。"（DESA，2013）随着联合国 17 个可持续发展目标的确定，在 2016 年联合国人居三大会上通过了《新城市议程》（见 **2.2.1**）。该议程形成了一个未来城市和人类住区的宽泛概念。其中一个议题是城市

应该"保护、恢复生态系统、水资源、自然生境和生物多样性并促进其发展，使其对环境的影响降到最小，并转向可持续性消费和生产模式"。

本书中使用"绿色城市"来指代"重点关注绿色空间、自然和生物多样性，并将之作为可持续性城市的重要元素"的这一类城市（见 **1.2**）。

2.2.3 城市绿色空间与生物多样性市政策略

尽管城市绿地和城市自然在多重挑战之下，比以往更具相关性，但是城市中的土地使用决策常常与之背道而驰（Kowarik et al，2016）。在此背景之下，市级层面的策略方法对于提高城市绿地和生物多样性的地位大有裨益，同时也能通过确定总体目标、提供空间框架以及作为决策制定的坚实基础改善城市绿地系统（Yu et al，2011；Hansen and Pauleit，2014）。

市级绿色空间策略

城市绿地策略着眼长远，既要契合城市发展政策又要和其他政策很好地结合起来。它需要涉及所有的城市绿地，不论类型或者所有权。为了达到最好效果，该策略应纳入城市规划系统。这样的策略直面绿色空间的现状（包括所有的问题、冲突、潜力和需求）以及未来的愿景和目标。它涵盖了绿色空间管理和发展的所有方面及问题。因此它能提供基础且长远的发展建议、任务和实施方案，而这些是实现既定愿景和目标的保证（Greenkeys Team，2008）。通过处理各种类型的绿色空间或者生境，城市绿地策略有能力提供保护和促进生物多样性（栖息地和物种）的基础，可以解决绿色空间环境中重要的内部与外部相互影响的各个方面的问题，具体而言如下所示：

1. 数量：最低绿色标准值和基准，如人均绿色空间的面积（见 **3.7**）。

2. 城市的空间结构和绿色空间系统：密度、土地利用格局，如莱比锡、科隆以及在中国城市也有的绿环或者是"德累斯顿作为生态网络中的紧凑城市"的愿景（见 **4.4.6**）；园艺能力；用绿色和开放空间连接建筑物；

绿地的可达性，如住宅区到绿色空间的距离。

　　3.城市绿地系统的质量和功能：如优先区域、绿色空间类型、生物多样性和生态系统服务的目标、用以玩耍运动的绿色空间。

　　4.实施过程：城市绿地的规划、建造和管理、公共参与、正式与非正式文件和项目，如墙体、屋顶和后院的绿化。

　　5.监督：如实施过程的评价成功还是失败。

　　在中国国家法律的指导下，省级政府和市级政府通常会制定关于城市绿植、野生动物保护和历史文化遗址等的管理规定，以此来推进城市绿色和生物多样性的工作。同时在它们自己的城市绿色系统规划的框架下，许多城市已经或者正在制定专门的城市生物多样性保护计划，并且积极参与国家项目，打造"园林城市"。生物多样性对于园林城市的发展是一个至关重要的因素。自1992年以来，几乎一半的中国城市（310座城市）和212个县城已经被住房和城乡建设部提名为"园林城市"或者"园林县城"[1]。

　　但是，不同的城市采用了不同的方法来改善绿色空间和增强地方的生物多样性。一些城市更注重保护现有的物种和绿色空间，另外一些强调丰富物种和恢复环境的重要性，有些只关注植物，有些也关注动物（Hu，2011）。为了进一步评价各地在城市生态保护和恢复方面所作的努力并加速其进程，住房和城乡建设部颁布了《国家生态园林城市分类标准》，提供了一个综合评价指标体系和多维绩效评估方法。该指标体系涵盖了诸多方面，如城市绿地内的本地物种比例、居民满意百分比、雨水收集比例等。绩效评估方法包括地方参与、专家实地考察和第三方验证。2016年1月29日，住房和城乡建设部把七座城市命名为"国家生态园林城市"，分别为徐州、苏州、昆山、寿光、珠海、南宁和宝鸡，以认可它们所取得的成绩。这些城市的部分举措有：为了恢复城市生态系统并改善城市生态系统服务，宝鸡市实施了城市山地环境修复示范工程，如北坡和南

---

[1] http：//www.mohurd.gov.cn/zxydt/201602/t20160201_226501.html

苑；南宁市成功地恢复了城市水系统，如良庆河和可利江等；寿光市系统地恢复了城市采矿区；为了建设城市绿地系统，协调区域发展，昆山市形成了一个集水、路和绿地为一体的新的城市体系；珠海市修建了298个社区公园，保证市民步行10分钟就可以到达公园；苏州市建立了发达的生态网络[1]。

市级生物多样性策略

为了有效且高效地保护和发展地方生物多样性，策略性推进是非常必要的，因此，一些德国市政府正在规划或开发，或者已经通过了生物多样性策略。通过这些策略才可能系统地记录、描述并且讨论确定目标和行动，以期在立法、经济、规划和生态方面促进城市自然的发展。市级生物多样性策略并不会取代如环境报告、景观计划、物种保护项目或者行动计划这样的文件，而是将它们置于一个共同的背景下；由此产生的成果不仅仅是一个文件，还包括细化和实施的过程，提供了市级策略制定者与市民、自然保护组织和其他利益相关者一起形成地方自然和生物多样性保护的共同思路和观点的机会。这有助于让居民更好地了解和享受生物多样性。通过让市级政府批准这样的策略，可以确保更高层面的政治承诺和支持（Herbst，2014）。2016年，有12个德国市政府批准了它们自己的生物多样性策略。

在中国，所有的省份都拥有自己的生物多样性策略，其中三个直辖市即上海、天津和重庆也都制定了生物多样性策略[2]。此外，一些地级市，如昆明、六盘水和海口以及一些县级市如都江堰，也都有自己的生物多样性策略。

---

[1] http：//www.mohurd.gov.cn/zxydt/201602/t20160201_226501.html

[2] 上海：http：//www.doc88.com/p-5843925970015.html；天津：http：//www.doc88.com/p-7846250170700.html；重庆：http：//www.doc88.com/p-5317308281162.html

2.3 中德城市特征对比分析

卡斯滕·古内瓦尔德、侯伟、谢高地、约尔根·波伊斯特

　　城市间差异很大，从历史和建筑到气候、生态、经济和文化，在许多方面都各不相同（Liu et al，2016）。需要注意的是，中德两国城市可以在物理层面上进行比较（表 2.4、表 2.5），但是在社会—文化条件和价值方面很难进行比较。考虑到数据的可用性和作者各自的经验，选择了以下探索性的案例研究框架。

中德首都对比　　　　　　　　　　　　　表 2.4

（北京统计年鉴，2012；Grunewald et al，2016）

	北京（2012 年）	柏林（2014 年）
居民（百万）	20.7	3.5
行政管辖面积 /km²	16400	892
人口密度 /（居民 /km²）	1260	3900
绿地 /%	73	44
人均绿地面积 /m²	1	1
自然保护区面积 /（hm²/%）	137880/8.4	2061/2.3
植物物种数量	2708	2179

　　注："绿地"指森林、公共绿地、水域、耕地。

中德城市发展　　　　　　　　　　　　　表 2.5

城市规模（百万居民）	德国城市数量 / 个			中国城市数量 / 个		
	1950 年	1980 年	2010 年	1953 年 [a]	1982 年 [b]	2010 年 [c]
>10	—	—	—	—	—	3[d]
>1	2	3	4	9	38	187
>0.5	3	11	10	16	47	274

续表

城市规模 （百万居民）	德国城市数量 / 个			中国城市数量 / 个		
	1950 年	1980 年	2010 年	1953 年 [a]	1982 年 [b]	2010 年 [c]
> 0.1	48	58	63	78	137	180

注：a 根据第一次全国人口普查结果。

b 根据第三次全国人口普查结果。

c 中国统计局（2012）中国城市统计年鉴 [M]. 北京：中国统计出版社.

d 在 2014 年已经有 6 个特大城市（UN，2014）。

资料来源：德国联邦统计局和中国国家统计局

城市化和再密集化的持续趋势

全世界的城市在空间幅度、总人口以及宏观经济意义上都在发展。同时，城市也在经历快速变迁——在技术、流动性、能源或者工作环境方面的变化非常迅速，与生态趋势和需求相关的领域也是如此。

中国在过去的 30 年间经历了快速的城市化进程。据估测到 2025 年将会有大约 70% 的中国人口生活在不断发展的或者新兴城市里。整个城市人口届时将达到 9 亿人，比现在的城市人口增长近 2.5 亿（Johnson，2013）。

显而易见，中国人口中密度最大的是东部地区。据估计超过 90% 的中国人口居住在 40% 的国土面积里。中国有着悠久的城市发展历史，但是随着 20 世纪 80 年代初期改革开放政策的实施，城市化水平增长迅猛（Zhao，2011；Bai et al，2014）。这一点可以从农村人口大规模地向城市迁徙，城市面积和建筑环境的扩张得到证明。到目前为止，中国的城市化规模是非常罕见的，而且在今后的几十年内依然会如此。因此，中国的城市发展对生物多样性和生态系统的影响可能会超过迄今世界已知的影响程度（Güneralp and Seto，2013）。

中国的城市化在其速度、规模和政府主导性上是独一无二的（Ye and Wu，2014），其进程的可持续性水平很低（Xu et al，2016）。在 2014 年 3 月中国颁布了《国家新型城镇化规划（2014—2020 年）》（Fang，2014）。其五大目标之一就是把城市人口的比例限定在每年 1% 的速度增长，到

2020 年城市人口达到 60%（Ye and Wu，2014）。然而，问题之一就是观察到的不平衡：城市土地的增速快于城市人口的增长速度（框 2.3）。

框 2.3

　　通过国家保障性住宅建设实现增长在中国存在着"空荡荡的鬼城"这样的投资风险（图 2.2）。

　　在过去的十年间，城市土地增长了 78.5%，然而城市人口却只增长了 46%。城市地区的许多住宅都是空置的。各级城市，尤其是中小城市，划定了 3500 个新建筑区域用以开发新的住宅小区和工业园区（李俊生，2016）。

　　中国高速的城市化发展促进了经济增长和社会进步，极大地提高了人民的生活标准和福祉。但是，快速城市化也导致了诸如环境污染和生态恶化等一系列的问题。中国当前的环境污染物排放毫无疑问地在影响着生态系统功能和服务，进而影响公共健康甚至是城市可持续性。中国现在有 6.9 亿人口生活在环境状况日益恶化的城市地区。在许多大城市如北京、天津、南京、上海、杭州、广州等，空气污染尤其是高浓度的 $PM_{2.5}$ 使得环境状况不容乐观（图 2.1c）（见 **3.3.3**）。如何控制持续增长的环境污染，使城市适宜居住，是一个巨大的挑战。

图 2.2　内蒙古鄂尔多斯的鬼城 © 侯伟

在此背景下，2015 年颁布的《生态文明体制改革总体方案》的大意就是尊重、保护和保持与自然的和谐。节约资源和环境保护已经成为基本国策并被高度重视（框 2.4）。

根据中国的行政划分，城市分为三个级别，分别为省会级城市、地级市和县级市。严格意义上来说，省会级城市和地级城市并不是一个城市，而是一个行政单位，既包括城市（严格意义上的城市）的核心区，也包括周边乡村或城市化水平较低的地区。通常周边地区面积几倍于城市中心建成区域。地级城市都辖有多个县城、县级市或者其他同级的行政分区。为了把地级城市和其他实际城区（严格意义上的城市）区分开来，我们使用了"城市地区"或"建成区"这个术语。但是，即使这个术语也会把大型城郊地区涵盖在内，而这些城郊地区的面积有时候甚至超过 3000km^2。对比一下，重庆的行政管辖区几乎和奥地利的国土面积一样大，北京的行政管辖区面积比柏林的大 18 倍。在德国，和北京具有可比性的只有莱茵－鲁尔都市圈，人口 1000 万，面积 7000km^2。在中国，省会级城市限定了市政府管辖的区域面积。表 2.6 列出了中国五大城市（基于行政管辖面积）

人口的官方数据。徐州市作为建设绿色空间结构调整的示范城市（见 **4**），
也被列在了表中。

我们特别关注了中国的四个案例研究：北京、上海、成都和徐州，因
为它们的地理分布非常合理，其相关问题具有代表性，并且研究数据较为
容易获取。

中国五个最大城市（依据行政管辖面积）和选出的　　　　　表 2.6
个案研究城市的人口特征

	2010 年的居民 / 千人		面积 /km²		人口密度：人 /km²	
	行政管辖区	城区	行政管辖区	城区	行政管辖区	城区
重庆	28846	15693	82402	26025	350	603
上海	23019	22315	6340	5155	3630	4329
北京	19612	18827	16408	12187	1195	1545
成都	14048	7416	12121	2064	1159	3593
天津	12938	11091	11946	7418	1083	1495
徐州	8577	1967	11259	3037	762	647

德国有着已经固定的城市结构，并且城市化水平很高。在 2013 年，
用于居住和交通的土地面积占到了总面积的 13.6%（StaBA，2015）。目
前，75% 的德国人口居住在城市里；但是 2/3 的人口居住在小型或者中型
城市中。只有莱茵 – 鲁尔都市圈以其 1100 多万的人口和 7110km² 的面积
才能和中国那些大城市相提并论。

在过去的 10 年间，德国也经历了一个城市化和再密集化更新的过程
（BBSR，2015）。而且，在德国越来越多的人想住在大都市区，因为在那里可
以得到更多的教育和工作机会，移民也大多被吸引到了大城市。但是，即使
在那些人口减少以及有经济问题的"收缩"地区，新的住宅和交通仍在不断
发展（Haase et al，2013）。我们尤其对慕尼黑地区、柏林 / 波茨坦、法兰克福
/ 美因地区以及科隆、汉诺威和波恩的动态增长进行了观察和预测。汉堡和德
累斯顿、莱比锡等德国东部城市也同样在发展，即住宅需求上涨，开放空间
的压力增大。这些城市也是在德国被选取的案例研究城市（图 2.3、表 2.7）。

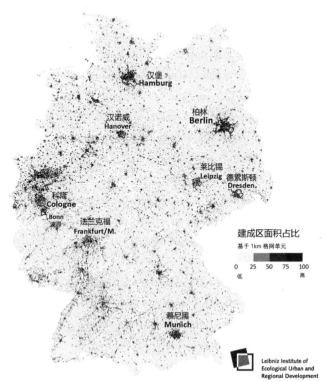

地理数据：Raster data of www.ioer-monitor.de，VG250 © GeoBasis-DE/ BKG（2016）| 地图：B. Richter，K. Grunewald（2016）

图 2.3 德国大城市分布图与案例研究城市的位置

德国五大城市和选出的案例研究城市的人口特征   **表 2.7**

（StaBA，2014）

	人口（排名）	占地面积 /km²	人口密度（居民 /km²）
柏林	3470000（1）	891.7	3890
汉堡	1763000（2）	755.3	2330
慕尼黑	1430000（3）	310.7	4600
科隆	1047000（4）	405.0	1210
法兰克福 / 美因	718000（5）	248.3	2580
莱比锡	544000（11）	297.4	2430
德累斯顿	536000（12）	328.3	1630
汉诺威	524000（13）	204.2	2570
波恩	314000（19）	141.1	2230

参考文献

Andersson E，McPhearson T，Kremer P，Gomez-Baggethun E，Haase D，Tuvendal M，Wurster D（2015）Scale and context dependence of ecosystem service providing units. Ecosystem Services 12：157–164.

Artmann M（2014）Assessment of soil sealing management responses，strategies and spatial targets towards an ecological sustainable urban land use management. Ambio 43（4）：530–541.

Bai X，Shi P，Liu Y（2014）Realizing China's urban dream. Nature 509：158–160.

BBSR – Bundesinstitut für Bau-，Stadt- und Raumforschung（2015）Wachsen oder schrumpfen? BBSR-Analysen KOMPAKT 12/2015.

Beatley，T.（ed）（2012）Green Cities of Europe：Global Lessons on Green Urbanism. Island Press，Washington，DC.

Becker H（2010）Leitbilder. In：Henckel D，Kuczkowski K，Lau P，Pahl-Weber E，Stellmacher F（Hrsg）Planen – Bauen – Umwelt：Ein Handbuch. VS Verlag für Sozialwissenschaften/Springer Fachmedien，Wiesbaden，pp 308–312.

BMU（2007）Nationale Strategie zur biologischen Vielfalt. Bundesministerium für Umwelt，Naturschutz und Reaktorsicherheit.

BMUB（2015）Grünbuch Stadtgrün. Grün in der Stadt – Für eine lebenswerte Zukunft. Bundesministerium für Umwelt，Naturschutz，Bau und Reaktorsicherheit.

Borgström ST，Elmqvist T，Angelstam P，Norodom-Alfsen C（2006）Scale mismatches in management of urban landscapes. Ecology and Society 11（2）：16.

Breuste J，Artmann M（2014）Allotment Gardens Contribute to Urban Ecosystem Service：Case Study Salzburg，Austria. Journal of Urban Planning and Development 141（3），A5014005.doi：10.1061/（ASCE）UP.1943-5444.0000264.

Breuste J，Haase D，Elmqvist T（2013）Urban Landscapes and Ecosystem Services. In：Wratten S，Sandhu H，Cullen R，Costanza R（eds）：Ecosystem Services in Agricultural and Urban Landscapes. John Wiley & Sons，Ltd.，Chichester，pp 83–104.

Breuste J，Pauleit S，Haase D，Sauerwein M（2016）Stadtökosysteme. Funktion，Management，Entwicklung. Springer Spektrum，Berlin.

Bryson JM（2004）Creating and Implementing Your Strategic Plan. A Workbook for Public and Nonprofit Organizations.San Francisco.

BiB – Bundesinstitut für Bevölkerungsforschung（2013）Pro-Kopf-Wohnfläche erreicht mit 45m² neuen Höchstwert. Pressemitteilung 9/2014 v. 24. Juli 2013. www.bib-demografie.de/.../2013_07_pro_kopf_wohnflaeche.pdf. Accessed 28 Aug 2016 ）.

CBD – Convention on Biological Diversity（2016）https：//www.cbd.int/information/parties.shtml.

De Jong M，Joss S，Schraven D，Zhan C，Weijnen M（2015）Sustainable–smart–resilient–low carbon–eco–knowledge cities；making sense of a multitude of concepts promoting sustainable urbanization. Journal of Cleaner Production 109：25–38.

DESA – Department of Economic and Social Affairs（2013）World Economic and Social Survey 2013. Sustainable Development Challenges. Secretariat，Department of Economic and Social Affairs of the United Nations Secretariat.

Die Bundesregierung（Hrsg）（2016）Deutsche Nachhaltigkeitsstrategie – Neuauflage 2016. Stand：1. Oktober 2016，Kabinettbeschlussvom 11. Januar 2017. www. deutsche-nachhaltigkeitsstrategie.de.

EU – European Union（2007）LEIPZIG CHARTER on Sustainable European Cities.

EU COM – European Commission（2011）Our life insurance，our natural capital：an EU biodiversity strategy to 2020. European Commission. http：//eur-lex.europa.eu/legal-content/EN/TXT/?uri=celex%3A52011DC0244. Accessed 12 Sep 2016.

EU COM – European Commission（2013）Green Infrastructure（GI）– Enhancing Europe's Natural Capital. European Commission. http：//eur-lex.europa.eu/legal-content/EN/TXT/?uri=celex%3A52013DC0249. Accessed 12 Sept 2016.

Fang C（2014）Strategic direction of the transformation of China's new urbanization development.Resourc. Environ. Dev. 2：18–26.

Fryd O，Pauleit S，Bühler O（2011）The role of urban green space and trees in relation to climate change. CAB Reviews：Perspectives in Agriculture，Veterinary Science. Nutrition and Natural Resources 6（053）：1–18.

Fürst F，Himmelbach U，Potz P（1999）Leitbilder der räumlichen Stadtentwicklung im 20. Jahrhundert – Wege zur Nachhaltigkeit. Berichte aus dem Institut für Raumplanung，Bd 41. IRPUD，Dortmund.

GBTimes（2015）Per capita living space is 24 square meters in Shanghai. gbtimes Beijing 20 Apr 2015. gbtimes.com/china/capita-living-space-24-square-meters-shanghai. Accessed 28 Aug 2016.

Gill S，Handley J，Ennis R，Pauleit S（2007）Adapting cities for climate change：the role of the green infrastructure. Built Environment 33（1）：115–133.

GreenKeys Team（2008）GreenKeys @ Your City – A Guide for Urban Green Quality.

IOER Leibniz Institute of Ecological and Regional Development, Dresden. Booklet + CD-ROM.

Grunewald K, Artmann M, Mathey J, Müller B, Rößler S, Syrbe R-U, Wende W, Xie X, Li J, Breuste J, Chang J, Luo P, Hu T, Kümper-Schlake L, Schröder A, Wolanska K, Xiao N, Li X, Hoppenstedt A, Xu Q, Zhu S, Spangenberg JH, Wüstemann H, Sharma K, Chen B（2016）Policy Brief : Towards Green Cities in China and Germany. Bonn. http : //www.bfn.de/fileadmin/BfN/service/Dokumente/ PolicyBrief_GreenCities_China_Germany_042016_en.pdf.

Güneralp B, Seto KC（2013）Sub-regional Assessment of China : Urbanization in Biodiversity Hotspots. In : Elmqvist T et al（eds）Urbanization, Biodiversity and Ecosystem Services : Challenges and Opportunities : A Global Assessment. Springer Dordrecht Heidelberg New York London, pp 57–63.

Haase D, Kabsich N, Haase A（2013）Endless urban growth? On the mismatch of population, household and urban land area growth and its effects on the urban debate. PLoS ONE 8（6）: e66531.

HABITAT III（2016）Draft New Urban Agenda. Quito Declaration on Sustainable Cities and Human Settlements for All.

Hansen R, Pauleit S（2014）Frommultifunctionality to multiple ecosystem services? A conceptual framework for multifunctionality in green infrastructure planning for urban areas.Ambio 43（4）: 516–529.

Hansen R, Frantzeskaki N, McPhearson T, Rall E, Kabisch N, Kaczorowska A, Kain J-H, Artmann M, Pauleit S（2015）The uptake of the ecosystem services concept in planning discourses of European and American cities. Ecosystem Services 12 : 228–246.

Harrop SR, Pritchard DJ（2011）A hard instrument goes soft : The implications of the Convention on Biological Diversity's current trajectory. Global Environmental Change 21（2）: 474–480.

Herbst T（2014）Kommunale Biodiversitätsstrategien. Ein Werkstattbericht. Hrsg Bündnis Kommunen für biologische Vielfalt "eV, BfN – Bundesamt für Naturschutz, DUH – Deutsche Umwelthilfe eV, Radolfzell.

Howard E（1898）To-morrow : A Peaceful Path to Real Reform. Swan Sonnenschein& Co. London.

Huang L, Wu J, Yan L（2015）Defining and measuring urban sustainability : a review of indicators. Landscape Ecol 30 : 1175–1193.

Hu W（2011）Research on the planning of Urban Biological Diversity Protection. Doctor thesis.

Johnson I（2013）China's Great Uprooting：Moving 250 Million Into Cities. New York Times，15 June 2013.

Joss S（2015）Sustainable Cities.Governing for Urban Innovation.planning – environment – cities. Palgrave，London.

Joss S，Tomozeiu，D，Cowley R（2011）Eco-Cities – A Global Survey：Eco-City profiles. International Eco-Cities Initiative. London. www.westminster.ac.uk/ecocities. Accessed 13 Sept 2016.

Kabisch N，Qureshi S，Haase D（2015）Human-environment interactions in urban green spaces – A systematic review of contemporary issues and prospects for future research. Environmental Impact Assessment Review 50：25–34.

Kong F，Yin H，James P，Hutyra LR，He HS（2014）Effects of spatial pattern of greenspace on urban cooling in a large metropolitan area of eastern China.Landscape and Urban Planning 128：35–47.

Kowarik I，Bartz R，Brenck M（Hrsg）（2016）Naturkapital Deutschland – TEEB DE. Ökosystemleistungen in der Stadt – Gesundheit in der Stadt – Gesundheit schützen und Lebensqualität erhöhen. Technische Universität Berlin，Helmholtz-Zentrum für Umweltforschung – UFZ，Leipzig，Berlin.

Kuang W，Liu Y，Dou Y，Chi W，Chen G，Gao C，Yang T，Liu J，Zhang R（2015）What are hot and what are not in an urban landscape：quantifying and explaining the land surface temperature pattern in Beijing，China. Landscape Ecology 30：357–373.

Kühnau C，Böhme C，Bunzel A，Böhm J，Reinke M（2016）Von der Theorie zur Umsetzung: Stadtnatur und doppelte Innenentwicklung（From theory into practice: Urban green space and dual inner development）. Natur und Landschaft 7：329–335.

Kuder T（2008）Leitbildprozesse in der strategischen Planung. In：Hamedinger A，Frey O，Dangschat JS，Breitfuss A（Hrsg）Strategieorientierte Planung im kooperativen Staat. VS Verlag für Sozialwissenschaften，Wiesbaden，pp 178–192.

李俊生（2016）中国的城市化：问题、方向及其解决 [R]. 第九届中德研讨会，南京 .

Li J（2016）China's Urbanization：Problems，Directions，and Solutions. 9th Sino-German Workshop，Nanjing.

Li J，Song C，Cao L，Zhu F，Meng X，Wu J（2011）Impacts of landscape structure on surface urban heat islands : A case study of Shanghai, China. Remote Sensing of Environment 115 : 3249-3263.

Lin T, Xue X, Shi L, Gao L (2013) Urban spatial expansion and its impacts on island ecosystem services and landscape pattern : a case study of the island city of Xiamen, Southeast China. Ocean & coastal management 81 : 90–96.

刘海龙（2010）基于过程视角的城市地区生物保护规划：以浙江台州为例 [J]. 生态学, 28（1）：8-15.

LiuH (2010) Biological conservation planning in urban region based on biological process: A case study in Taizhou of Zhejiang Province. Chinese Journal of Ecology 1 : 8–15.

Liu Y, Lu S, Chen Y (2013) Spatio-temporal change of urban-rural equalized development patterns in China and its driving factors. Journal of Urban Studies 32 : 320–330.

Liu Z, He C, Wu J (2016) General Spatiotemporal Patterns of Urbanization : An Examination of 16 World Cities. Sustainability 8 (1) : 41. doi : 10.3390/su8010041.

Loibl W, Stiles R, Pauleit S, Hagen K, Gasienica B, Tötzer T, Trimmel H, Köstl M, Feilmayr W (2014) Improving open space design to cope better with urban heat island effects. GAIA 23 (1) : 64–66.

Orlik T, Fung E (2012) In China, a Move to Tiny Living Space. The Wall Street Journal.www.wsj.com/.../SB10000872396390444024204578044592999502174. Accessed 28 Aug 2016.

Pauleit S, Breuste JH (2011) Land use and surface cover as urban ecological indicators. In : Niemelä J (ed) Handbook of Urban Ecology. Oxford University Press, Oxford, pp 19–30.

Pauleit S, Liu L, Ahern J, Kazmierczak A (2011) Multifunctional green infrastructure planning to promote ecological services in the city. In : Niemelä J (ed) Handbook of Urban Ecology. Oxford University Press, Oxford, pp 272–285.

Peng J, Liu Y, Wu J, Lv H, Hu X (2015) Linking ecosystem services and landscape patterns to assess urban ecosystem health : A case study in Shenzhen City, China. Landscape and Urban Planning 143 : 56–68.

Rees WE (1992) Ecological footprints and appropriated carrying capacity : what urban economics leaves out. Environment and Urbanisation (4) 2 : 121–130.

Register R (1973) Ecocity Berkeley. Building Cities for a Healthy Future.North Atlantic

Books.

Rößler S（2010）Freiräume in schrumpfenden Städten. Chancen und Grenzen der Freiraumplanung im Stadtumbau. Leibniz-Institut für ökologische Raumentwicklung : IÖR-Schriften, Bd 50. Rhombos, Berlin.

Schröder P（2000）Politische Strategien. Nomos Verlagsgesellschaft, Baden-Baden.

Shepard W（2015）Can hundreds of new "ecocities" solve China's environmental problems? http : //www.citymetric.com/skylines/can-hundreds-new-ecocities-solve-chinas-environmental-problems-1306. Accessed 3 July 2016.

Sieverts T（1998）Was leisten städtebauliche Leitbilder? In : Becker H, Jessen J, Sander R（Hrsg）Ohne Leitbild? Städtebau in Deutschland und Europa. Karl Krämer, Wüstenrot Stiftung, Stuttgart, Zürich, Ludwigsburg, pp 22–40.

Spiekermann M, He Y, Yang J, Burkhardt I, Yang F, Xin Y, Pauleit S（2013）Hangzhou – fast urbanisation and high population growth. In : Nilsson K, Pauleit S, Bell S, Aalbers C, Nielsen TS（eds）Peri-urban futures : land use and sustainability. Springer Verlag, Heidelberg, pp 307–337.

StaBA – Statistisches Bundesamt（2014）Statistisches Jahrbuch 2014. https : //www. destatis.de/DE/.../StatistischesJahrbuch/ StatistischesJahrbuch2014.pdf.

StaBA – Statistisches Bundesamt（2015）Flächennutzung. Bodenfläche nach Nutzungsarten.

Stiehr N（2009）Die Nationale Strategie zur biologischen Vielfalt der Bundesregierung als Diskursarena im Diskursfeld Klimabedingte Veränderungen der Biodiversität. Institut für sozial-ökologische Forschung（ISOE）, Frankfurt am Main.

Sun R, Chen A, Chen L, Lü Y（2012）Cooling effects of wetlands in an urban region : The case of Beijing. Ecological Indicators 20 : 57–64.

UN – United Nations（1992）Rio Declaration on Environment and Development.

UN-Habitat（United Nations Human Settlements Program）（2002）Sustainable Urbanisation : Achieving Agenda 21. Nairobi : UN-Habitat. Department for International Development, London.

UN-Habitat（United Nations Human Settlements Program）（2012）http : //unhabitat. org/about-us/un-habitat-at-a-glance. Acccessed 12 Sept 2016.

UN – United Nations（2014）World Urbanization Prospects : The 2014 Revision, Highlights（ST/ESA/SER.A/352）.

UN – United Nations（2015）Sustainable Development Goals. http : //www.un.org/ sustainabledevelopment/cities/. Accessed 12 Sept 2016.

Von Döhren P, Haase D（2015）Ecosystem disservices research : A review of the state of the art with a focus on cities. Ecological Indicators 52 : 490–497.

Wang H, Qureshi S, Qureshi BA, Qiu J, Friedman CR, Breuste JH, Wang X （2016）A multivariate analysis integrating ecological, socioeconomic and physical characteristics to investigate urban forest cover and plant diversity in Beijing, China. Ecological Indicators 60 : 921–929.

WBGU – Wissenschaftlicher Beirat der Bundesregierung Globale Umweltveränderungen （2016）Der Umzug der Menschheit : Die transformative Kraft der Städte. Wissenschaftlicher Beirat der Bundesregierung Globale Umweltveränderungen Berlin.

Xu C, Wang S, Zhou L, Wang L, Liu W（2016）A Comprehensive Quantitative Evaluation of New Sustainable Urbanization Level in 20 Chinese Urban Agglomerations. Sustainability 8（2）: 91. doi : 10.3390/su8020091.

Ye L, Wu A（2014）Urbanization, Land Development, and Land Financing : Evidence from Chinese Cities. Journal of Urban Affairs 36（s1）: 354–368.

Yu D, Jiang Y, Kang M, Tian Y, Duan J（2011）Integrated Urban Land-Use Planning Based on Improving Ecosystem Service : Panyu Case, in a Typical Development Area in China. J. Urban Plann. Dev. 137（4）: 448–458.

Zhang K, Wang R, Shen C, Da L（2010）Temporal and spatial characteristics of the urban heat island during rapid urbanization in Shanghai, China. Environmental Monitoring and Assessment 169 : 101–112.

Zhao J（2011）Towards Sustainable Cities in China.Analysis and Assessment of Some Chinese Cities in 2008.Springerbriefs in Environmental Sciences. Springer, New York.

Zhao SQ, Da LJ, Tang ZY, Fang HJ, Song K, Fang JY（2006）Ecological consequences of rapid urban expansion : Shanghai, China. Frontiers in Ecology and the Environment 4（7）: 341–346.

Zhou S, Dai J, Bu J（2013）City size distribution in China 1949 to 2010 and the impacts of government policies. Cities 32（1）: 51–57.

Zhou W, Qian Y, Li X, Li W, Han L（2014）Relationships between land cover and the surface urban heat island : seasonal variability and effects of spatial and thematic resolution of land cover data on predicting land surface temperatures. Landscape Ecology 29 : 153–167.

3 城市绿色空间的多重效益
——生态系统服务评价

卡斯滕·古内瓦尔德、谢高地、

亨利·韦斯特曼（Henry Wüstemann）

　　城市绿色基础设施是大量生物的栖息地，并提供了丰富多样的生态系统服务。阐明城市居民从城市绿地获得的益处，以及在城市和联邦层面上对城市绿化质量进行控制，并在此背景下制定城市规划和自然保护策略是十分必要的。鉴于此，生态系统服务概念及其综合研究方法在全球环境规划与研究中越来越受到人们的重视。

　　在本书"绿色城市研究"的背景及生态系统服务价值框架中，如何通过增加城市绿地来提高人类福祉（健康效益，见 **3.1**）和生物多样性（见 **3.2**）将是本书试图回答的问题。因此，我们选择的循证研究（evidence-based research）是建立在国际及中德两国研究基础之上的。

　　本书聚焦在与城市相关的主题上，关注的重点是城市绿地所产生的生态系统服务。为了证明生态系统服务的价值，以非货币和货币形式对它进行量化是非常重要的。我们特别关注类型学层面以及计算森林、公园、绿地、水体等所能提供的生态系统服务。绿地在城市中的类型十分丰富，包括从高度管理与维护的城市公园到自然区域，以及城市基础设施与其他土地利用类型之间的缓冲空间。由于城市绿地具有极高的异质性，不同类型的绿地所能产生的效益（和成本）差异也十分巨大（Panduro and Veie，

2013）。城市绿地的位置、结构、组成和空间配置都会影响其生态系统服务和质量。

本书将通过中德两国的具体案例来说明生态系统服务所具有的意义和影响。但由于篇幅所限，本书无法将每个问题的细节都详细呈现出来。

本章的一个重点是生态系统的调节功能（见 **3.3**），因为它能显著地促进城市环境质量的改善。另一个重点是公共绿地作为文化服务的可达性（见 **3.4**）。城市生态系统为城市居民提供诸如自然体验、休闲娱乐、放松身心、户外舞蹈运动以及美学等方面的服务，尤其有助于城市居民的心理和生理健康。原则上来说，城市绿色空间对个人与社会也有一定的负面影响，即所谓的负面效益（例如 Von Döhren and Haase，2015）。但由于篇幅所限，本研究对此不作深入分析。

在供给服务方面，本章主要通过城市农业或者食物和水供应的案例进行分析（见 **3.5**）。但这部分将不会深入，因为城市内部生产的食物只能作为居民食物供应的补充；并且也不会对生态系统的支持服务如土壤形成、养分循环等进行系统分析，因为它们和人类福祉并没有直接的关联。

对生态系统服务价值和潜在的技术替代品进行比较，我们就能清楚地看到绿色基础设施不仅在生态和社会层面上是可取的，而且在经济上也是合理的。依靠生态系统所提供的服务成本比某些技术解决方案或者医疗保健所花费的成本更低（见 **3.6**）。但从另一角度来看，在一个紧凑的城市环境中提供绿色空间的成本很高，譬如将用作绿地开发的土地更换用途，其经济效益会高很多。

既然城市绿地如此重要，而且有如此多的益处，那么有些问题值得进一步探讨：我们的城市究竟应该多"绿"？这个问题我们将在本章第七节进行讨论。到底多少"绿"就够了？很显然这些目标值的确定是困难的。除了绿地的比例和数量之外，空间布局、可达性以及其他定性因素也起着关键作用。

3.1 城市绿色空间的居民福祉和健康效应

亨利·韦斯特曼、张毅

国际上对于居民福祉和健康效应的研究已经相当多了。来自心理学方面的研究显示城市绿色可以通过减轻压力（Grahn and Stigsdotter，2003；Swanwick et al，2003；Stigsdotter et al，2010）和困扰（Annerstedt et al，2012；Richardson et al，2013；Sturm and Cohen，2014）对居民身心健康产生积极的影响。并且接触绿地可以大幅降低焦虑和抑郁（de Vries et al，2003；Maas et al，2009），且能促进积极的情绪（Ulrich et al，1991；Knecht，2004；Bowler et al，2010a；Coon et al，2011）。有趣的是，研究也指出，即使短期地接触绿地也能改善认知功能和情绪（Ulrich et al，1991；Hartig et al，2003；Abkar et al，2010）。

来自医学方面的研究也显示城市绿地可以改善居民身体健康状况（de Vries et al，2003；Maas et al，2006；Richardson et al，2013），并有助于长寿（Takano et al，2002）。最近的一些研究也证明了城市绿地总体上确实对于生活满意度有着积极的影响（Smyth et al，2008；Alcock et al，2014；Krekel et al，2016）。

除了上文所述的绿地对居民心理健康的积极作用之外，绿地对健康的影响机制也包括通过清除臭氧（Calfapietra et al，2016）和吸储二氧化碳（McPherson，1997；Chen，2015）改善空气质量、缓冲人为噪声（Tyagi et al，2013）、减少城市热岛效应（见 **3.3.1**），通过环境中的微生物输入来驱动免疫调节以达到改善免疫系统的目的（Rook，2013），以及促进社会凝聚力（Newton，2007）。

尽管绿地的积极效应的因果关系尚未得到充分阐释，但是体育活动的增加（Kaczynski and Henderson，2007；Maas et al，2008）、社会活动的发展（Kuo et al，1998），以及社会凝聚力和认同感的增加（Newton，2007）

都代表着绿地对于人类幸福健康积极作用的潜在因果机制。

衡量城市绿色对生活满意度和健康的效益

在研究城市绿地对居民福祉和健康的影响时采用了多种衡量指标，具体包括生活满意度（Satisfaction with Life，SWL）、自评健康状况（Perceived General Health，PGH）、健康相关的生活质量（Health-Related Quality of Life，HRWQOL）和各种与压力相关的指标如皮质醇水平（Maas et al，2006；Honold et al，2015；Krekel et al，2015，2016）。

自评健康状况是通过回答一系列问题，例如"总的来说，您觉得你的健康……"的自评指标（Rütten，2001）。受访者可以在5个类型中进行选择，分别是"非常好""好""不好不坏""差""非常差"。这5个类型中常常以"不好不坏"（0）作为分界点（Maas et al，2006）。

使用最广泛的评估指标是健康相关的生活质量，具体而言就是评估身体和心理方面的功能状况（Farivar et al，2007；Wüstemann et al，2017）。身体和心理健康综合分数 SF-36 和 SF-12 测量表在这一方法中使用最为频繁（Farivar et al，2007）。并且这一方法已被应用到了人口研究（Bullinger et al，1998；Fukuhara et al，1998）和临床试验中（Hlatky et al，2002）。SF-36 测量表是一个用来自评综合健康状况和与健康相关的生活满意度的多维度工具（Ellert and Kurth，2004）。SF-36 由8个多项量表组成，分别评估生理功能、躯体疼痛、总体健康、活力、社会功能和情感健康等（Farivar et al，2007）。SF-12 是 SF-36 的简化版本，由12个项目组成，合并了"生理和心理总评分"两个子类（Ware et al，2000；Farivar et al，2007）。

"生活满意度"这个指标通常通过11点单项李克特量表（likert scale）获得，受访者被要求回答"整体来说你对生活的满意程度是怎样的"这个问题。李克特量表的分数越高，生活满意度也就越高。除了"生活满意度"之外，"工作满意度"是另一个调查与生活满意度有关的话题（Judge and Watanabe，1993）。大量研究分析了社会经济因素对生活满意度的影响。这些研究结果表明诸如收入和工作状况这样的变量对生活满意度有重大影响（Ferrer-i-Carbonell，2005；Kaplan et al，2008；McKee-Ryan et al，2005）。这些发现非常重要，可以作为研究城市绿地对生活满意度影响的对照。

中德两国城市绿地对居民福祉和健康效应的研究

尽管国际上已经有相当多关于城市绿地对生活满意度和健康影响的研究，但是在中德两国进行的类似研究却相对较少。

史密斯等（Smyth et al，2008）在30个中国城市中调查了诸如大气污染、交通堵塞、公园可达性等环境因素和城市居民幸福感之间的关系。该研究结果表明城市公园可达性越高，其居民的幸福水平也越高。在德国，贝尔特兰和雷丹茨（Bertram and Rehdanz，2015a）利用2012年的网络调查和欧洲城市地图（EUA）的横截面数据发现城市绿地对柏林居民的生活满意度有着积极影响。根据他们的研究，步行1km区域内能达到对生活满意度最大积极效果的绿地面积为35hm^2，或者达到该区域面积的11%，然而75%的受访者能够利用的绿地都达不到这个数值。同时，这个研究也有一些局限性：首先，这个研究只调查了柏林市城市绿地对居民幸福的影响。克雷克尔等人（Krekel et al，2016）认为柏林可能是一个特殊的案例，因为与德国其他主要城市相比较，柏林的绿地面积更高。其次，贝尔特兰和雷丹茨所使用的调查数据样本总量相对偏少，对居民地理位置的测量方法也不精确。在德国唯一的全国性调查是由克雷克尔等人于2016年完成的，他们调查了德国32个人口超过10万的城市中土地利用对居民幸福和身心健康的影响。除了生活满意度之外，克雷克尔等人还将许多用于测定"健康相关的生活质量"的因素运用到此项研究中。除此之外，该研究还调查了城市绿地可达性（自评）对特定疾病如背痛、糖尿病、关节病和睡眠障碍的影响。这项研究证明了城市绿地与居民幸福之间的相关性，具体发现包括住所距离城市绿地更近或者被更大量的绿地包围的居民表现出更高的生活满意度。而且，该研究还发现城市绿地、森林和水体对居民的心理和身体健康都有着积极的影响，具体表现在社交、活力、身体疼痛和健康等方面。该研究也发现通过提高绿色可达性可以降低居民的体重指数（BMI）。此外，在废弃地周边居住的居民的幸福程度是负面的，包括对生活满意度、心理和身体健康以及体重指数都有负面影响，同时生活在靠近绿色受益区的居民患上诸如糖尿病、睡眠障碍和关节病的概率明显更低（表 3.1）。

中德两国调查城市绿地对幸福和健康的影响的研究综述　　表 3.1

研究	目的	指标	主要发现
贝尔特兰，雷丹茨（2015a）	柏林市城市绿地对居民幸福的影响	生活满意度	研究结果显示，步行 1km 区域内能对生活满意度产生最大的积极效应的绿地量为 35hm^2（或者该区域总面积的 11%）。研究进一步发现 75% 的受访者所能拥有的绿地规模都低于该数值
许志敏，吴建平（2015）	青岛市居住区绿地与生活满意度、身体和心理健康之间的关系	生活满意度和身体与心理健康	居住区绿色环境和生活满意度之间存在正相关
史密斯等（2008）	中国 30 个城市中环境因素（如城市公园的可达性）之间的关系	生活满意度	住在城市公园可达性更高的城市居民的生活满意度也更高
克雷克尔等（2016）	德国主要城市中城市土地利用对居民幸福感的影响	生活满意度	森林、城市公园和水体对居民幸福感有着积极的影响；废弃地区对此有着负面的影响。而且，老年居民从城市绿色的幸福效应中获益尤其明显。城市绿地的生活满意度效应远超其建设和维护成本
克雷克尔等（2015）	城市土地利用对幸福感、心理，以及身体健康的影响	健康相关生活质量	森林、城市公园和水体与健康相关生活质量间存在正相关；废弃地区对健康相关生活质量有着负面影响
霍诺尔德等（2015）	柏林市城市绿地与健康之间的关系	生活满意度、自评综合健康、皮质醇水平	可以目视的植被景观和拥有绿色植被的小径降低了居民的皮质醇水平，并提高了生活满意度

霍诺尔德等人（Honold et al，2015）研究了柏林的两类城市绿地（从住宅内能看到的小区绿地和公共绿地）与居民健康（生活满意度、自评综合健康和为期两个月的头发皮质醇水平）之间的横断面关系。该研究使用的样本数量相对偏少，仅有 32 个参与者。但是该研究表明如果参与者在家中能够看到大量、多样的植被，或者经常行走在河边植被覆盖良好的小路上，那他们的皮质醇水平较低，同时生活满意度水平明显较高。

结论

上述城市绿地对中德两国城市居民的福祉与健康效应的分析表明，绿地对城市居民的幸福是非常重要的。这些研究为住宅附近建设和规划绿地提供了直接依据。并且绿地具有降低城市地区社会经济健康不平等性的潜力，相较于建设和维护绿地的成本来说，绿地所产生的居民幸福效应远超其成本。

尽管开展城市绿色对居民福祉和健康效应的研究代表着对绿地多重效应认知的进一步提升，但是有关该领域的后续研究仍存在巨大的空间。具体而言，未来应着眼于确定这些效应的因果关系，以便发现城市绿色空间对居民福祉和健康产生积极影响的机制，并且聚焦于城市绿地的质量与健康。同时，基于地理编码的城市土地利用数据日益普遍，为这一研究领域提供了新的机遇。

城市绿地的可用性、可达性和利用率深刻影响着居民福祉和健康效应。尽管它们之间的因果关系尚未完全确立，但是我们已经认识到城市绿色与人类的健康福祉之间存在着多重因果联系。实验研究已经积累了许多有关城市绿地的健康效应证据，如改善人类免疫系统和改善空气质量（Kuo，2015）。在今后研究中，跨学科合作和建模将会大大提高我们对于这种因果关系的理解。

3.2 城市生物多样性的作用

奥拉夫·巴斯蒂安、肖能文

　　植物、动物和微生物包括真菌是所有生态系统及其提供服务的基础。生物多样性和人类福祉有着千丝万缕的联系（MEA，2005；见 **1.2**），在城市中亦是如此。然而事实确实如此吗？丰富的生物多样性对于生态系统服务是必须的吗？在城市中也是这样的吗？迄今为止，大量的研究和荟萃分析（meta-analysis）都证明了生物多样性对于生态系统服务供给的作用（Harrison et al，2014）。这些研究都揭示了生物多样性和生态系统服务两者之间存在着显著的相关性，特别是在生态调节和文化服务方面。相关研究也表明某些生态系统仅仅需要很少的物种就可以提供我们所需要的生态服务（Haase et al，2014）。

　　以下结论或许会让人惊讶，但至少对维管植物和几乎所有的动物群体而言，城市具有较高的物种丰富度。城市是当地和区域生物多样性的重要场所。在城市范围之内，丰富的土地利用类型和紧凑的土地利用强度创造了大量的生境、微生境以及高度多样化的生境斑块结构。在此基础上又有意或者无意地引入了大量的非本地的动植物物种。

　　城市所拥有的大量物种都以各自不同的方式适应了人类社区。这些物种不仅有主要或者完全生活在城市的物种（所谓的喜城物种，生态上与人类关联紧密的物种或者在城市中开拓的物种），还有既可以在城市中也可以在更广泛的地域生活的物种（中性城市物种，生态上与人类关联不太紧密的物种或者适应城市环境的物种），以及躲避城市空间和生境的物种（厌城物种，生态上与人类毫无关联的物种或者城市环境躲避者）（BfN，2009）。

　　与城市生物多样性相关的城市生态特征包括：

—— 干岛和热岛

—— 小结构、立地条件和土地利用的小尺度空间格局

— 休耕地上的荒野

— 经常受到干扰的群落生境

— 丰富的嗜热生物和非本地物种

— 避难所和替代生境、踏脚石

为了区分城市中的自然类型，生态干扰度、生态上与人类关系的紧密程度和天然程度可以作为适宜的指标（表 3.2）。原始的立地条件（城市的自然历史）也十分重要，尤其在一些城市化水平较低的地区更需要对其进行追溯（框 3.1）。由此产生的群落生境和物种的多样化程度可能比集约使用的耕地区域更高。然而，快速的城市化和建筑物集中化都可能导致生物多样性的降低。许多现存物种逐渐被少量但大面积扩散，并极具竞争力的物种所取代。这种少量物种淘汰大量其他物种的过程被称之为生物同质化（BfN，2009）。

植被的生态干扰　　　　表 3.2

生态干扰	人为的植被变化	生态系统类型（示例）
无干扰	没有	原始自然遗迹
微干扰	相当低 / 很少	近自然森林、沼泽
中干扰	中度	半自然或者更加偏向人工培育的森林、石楠荒原、干燥的草地、粗放型使用的草地和牧场
β - 良性干扰	强	集约利用的草原和森林、多年生杂草植物、耕地杂草植物（生长于耕地中）
α - 良性干扰	很强	特殊文化（果园、葡萄园、观赏草坪），一年生先锋植物和宅旁杂草
多重干扰	非常强	废物填埋场、废石场、铺砌的道路、铺在碎石上的铁轨
元干扰	植被完全被破坏	"中毒"的生态系统，完全建成 / 封闭的区域（建筑物、沥青表面）

资料来源：在 Blume 和 Sukopp，1976 年；Bastian 和 Schreiber，1994 年研究基础上修订

在各个层面进行生物多样性保护是国际环境政策的一个重要目标，例如根据德国法律，这个目标也适用于城市地区。同时这也是《生物多样性国家战略》的目标之一。

框 3.1　城市中自然的 4 种基本形式（Kowarik，2005）

自然形式 1：原始自然景观遗迹（森林、湿地、岩石地区等）。

自然形式 2：由现代农业和林业传统形成的农耕文化景观（田野、草甸、间杂果树的草甸、石楠荒地、干草地、森林等）。

自然形式 3：园艺设计出来的象征性自然（公园、花园、行道树、花桶等）。

自然形式 4：特定的城市—工业自然（凹凸不平的植被墙、人行道两侧的植被、建筑物之间的空地和废弃地带上自然生长的植被等）。

城市地区的生物多样性保护必须把所有类型的自然形式都涵盖进来，从原始自然景观的遗迹（如近自然森林）到人文景观（果园）以及包括住宅区与风景区的城市—工业地区。住宅区可以为自然和人文景观内各种濒危物种提供重要的替代生境（Müller and Abendroth，2007）。

在城市甚至自然保护区的行政管辖范围内，欧盟国家的景观保护区和自然遗迹也可列入"欧盟自然 2000"保护区网络，这是世界上最全面的生物多样性保护方面政策之一，该计划的初衷是为了协助实现欧盟"到 2020 年扭转生物多样性损失和生态系统服务恶化的趋势，并以最可行的方法对其进行修复，这也是欧盟对缓解全球生物多样性损失的贡献"（COM，2011）的愿景。"欧盟自然 2000"由两个基本类型构成：1. 特别需要受到严格保护的物种；2. 动植物栖息地（FFH）保护区和特殊保护地（SPA，鸟类保护地）。

"城市自然"保护的主要任务并不像在开阔的乡村地区那样仅限于对濒危动植物的保护。它的重点很大程度上在于对城市工业区和园林景观，尤其是城市居住区内的生物多样性的保护。在城市中，由于居民直接接触自然环境要素十分重要，因此，对于生物和群落的保护尤为重要（Breuste in Bastian and Steinhardt，2002）。

城市中的"绿色"，也被称为"绿色基础设施"，对于生态系统服务起着相当重要的作用。例如吸收空气中的污染物质，隔离碳，促进雨水入渗，提供阴凉，在夏天通过树木蒸腾作用降低气温及减少能耗和城市热岛效应。通过精心挑选的物种和空间设计以及提高地表、房顶和墙体的绿色面积（城市绿化），可以促进生态服务价值的提高。

如果公众能更好地意识到生物多样性和生态系统服务之间的联系，我们就可以更好地实现如下两个目标：1. 维持城市的生物多样性；2. 保持并提高城市地区生态系统服务，以提高它们的吸引力和居民的生活质量（BfN，2009）。

示例 3.1 德累斯顿市的生物多样性及其保护

德累斯顿是德国萨克森州的首府，人口约为 52.5 万。其辖区内有多种自然地形地貌，丰富的动植物物种在此生存。但是这种原始状态已经被建筑、不透水面和集约化的土地使用彻底改变。同时，易北河自东南向西北横跨这座城市，它广袤的冲积平原大多被半自然的草甸覆盖。城市内部的绿化除了公园和林荫道以外，还有很多小型稀有或濒危动植物的生境（图3.1）。

德累斯顿市的空间和结构对于物种及生境而言意义重大，具体表现为：

— 大型的自然景观（如该市辖区内大面积的森林和易北河冲积平原及其支流河谷）。

— 有多种动植物栖息地的人文景观（如广泛开发利用的草原、果园和树林）。

— 受保护动物物种的栖息地和迁徙走廊（如海狸、水獭、蝙蝠、白鹳和两栖动物）。

— 住在人造建筑物里的受保护动物物种的栖息地（如蝙蝠和一些鸟类）。

— 作为重要栖息地的内城空旷空间以及精心管理的公园（尤其是对于与人类长期共生的物种和生境复合系统中的踏脚石）。

根据德国（以及欧洲）的法律，所有原生鸟类（除了野生及家养的鸽子）和蝙蝠以及它们的栖息地都受法律保护，这意味着法律不允许追逐或者猎杀这些动物。

为了维持或者增加建筑物内部及其附近的鸟类和蝙蝠数量，自 1997

图 3.1 德累斯顿市宝贵的绿地:(a)棕地上盛开繁茂的杂草植被,(b)历史公园,(c)作为半自然生境示例的果园草甸,(d)易北河谷和皮尔尼茨宫、冲积平原草甸和受保护的河间岛(右);德累斯顿市严格保护的动物物种:(e)沙蜥蜴(Lacerta agilis)((a)~(e)© O. Bastian),(f)一座建筑物附近巢箱里的红隼幼鸟(© M. Lehnert),(g)小菊头蝠(© R.+E. Francke)

年以来,已经安装了超过 1.6 万个筑巢辅助设施。其中,有 1.5 万块可供常见的雨燕用以繁殖筑巢的岩石(一多半被楼燕占据,而且还呈上升趋势),以及 2000 块置于建筑物附近可供蝙蝠用作育婴巢的栖息地石块。例如,在德累斯顿有 280 处红隼的筑巢区(在 2015 年已经有 160 处被鸟类占用了)。

发展规划有义务关注这些受保护的物种。这些规划方案必须明确细化规避措施（替代方案、繁殖季节以外的施工场地准备）和补救措施。确保连续生态功能性（CEF）的措施是强制性的，并且必须在施工开始之前就全部实施完毕。比如，为鸟类、沙蜥蜴、稀有甲虫和蝴蝶建造的替代栖息地。

示例 3.2 北京市的生物多样性及其保护

北京有着相当丰富的维管植物多样性（2276 种），其中包括 207 种受到关注的物种，如地方性的、濒危的和受保护的物种。北京远郊地区不仅有着最高的物种多样性（1998 种），也有最多的受保护物种（194 种）。城区拥有在绝对数量和相对比例上都最多的外来物种，然而近郊的物种多样性最低，仅为 1026 种。在整个北京市行政辖区内，诸如湿地萎缩和生物入侵等问题都很常见（Wang et al，2007）。然而，在这三个功能区，生物多样性所面临的主要威胁并不相同。城区和近郊地区主要是由于城市扩张导致的生境丧失和破碎化，而在远郊地区，主要是由于当地和城市居民的日益增加带来了严重的生态系统退化等问题。基于调查，我们为三个功能区提出了各自的保护策略：在城区改善绿地的结构和生态功能，在近郊地区尽可能多地保护遗留下来的自然栖息地，在远郊地区限制农村旅游并建立生物圈保护区。此外，我们强烈建议改善公共教育，使之导向环境保护实践的社会层面（Wang et al，2007）。

北京市的一次城市植物调查显示出植物物种高度的同质化（Xiao，2015）。在北京的建成区，植被的分布存在着空间差异。植物物种的数量在二环路以内最低，五环路以外最高。但是，环路之间植物物种的分布差别很小。在五环范围之内广泛分布着 156 种植物，占到了北京物种总数的 29.1%。环路之间的均匀度指数（一个通过量化群落在数值分布上的平均程度来衡量生物多样性的指数）非常相似。植物同质化的主要原因是高强度的人类干扰、外来物种的入侵和本地物种的减少。绿色植物的培育和配置受到人类活动的影响，尤其是街道两旁的树木和灌木，相对单一的物种加剧了城市植物的同质化。

　　植物分布在栖息地间也有不同。在被调查的北京 57 条街道、114 个公园和住宅绿地中，公园绿地的植物多样性最高，其次是住宅绿地，而街道绿地的生物多样性则最低，仅有 152 个物种。

　　北京的鸟类多样性也非常丰富（总计 435 个物种），占到全国物种的 3.76%，其中有 34 个北京市"一级重点保护鸟类"（Xiao，2015）。城市化对于鸟类的分布有着巨大的影响。从北京二环三环之间到六环，香农 - 维纳（Shannon-Wiener）多样性指数和均匀性指数都呈现出一个逐渐上升的趋势。鸟类的多样性和均匀度随着城市化的不断发展而呈降低趋势。但是，在二环以内，多样性指数和均匀度指数要比二环五环之间高，这可能是由于二环以内悠久的历史和近几十年开发强度较低。

　　鸟类的分布在栖息地间也存在着一定的差异。普通商业区、农田、住宅区和工业区的鸟类分布相似度很高。森林和湿地在鸟类物种分布上存在着很高的相似性。森林、湿地和住宅区的鸟类数量最多，森林、湿地和农田的香农 - 维纳多样性指数和均匀度指数更高，但工业区、商业区和住宅区的多样性则较低。住宅区的鸟类数量很大，但多样性很低，主要是由于大量麻雀引起的（图 3.2）。

3.3 调节服务

3.3.1 通过城市绿色空间调控微气候

李俊祥、尤利娅妮·马泰

城市化与城市气候

　　城市地区受特殊气候条件的影响：即城市热岛效应，其特征是相比周边乡村环境而言城市环境更加干燥、炎热和偏低的风力（Chou and Zhang，1982；Arnfield，2003）。与之相关的还有城市干岛、城市湿岛、城市浊

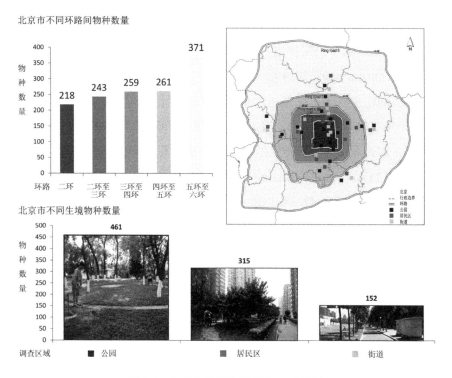

图 3.2 北京的物种数量（Xiao，2015）

岛和城市雨岛效应（Zhou，1988；Zhou and Wang，1996；Kuttler et al，2007）。城市热岛可以用传统气象观测的气温和卫星遥感热红外波段数据反演的城市地表温度（Voogt，2002）进行测量。城市热岛效应受 4 个因素的影响：用于铺路和建筑的深色致密材料、城市建筑的三维结构、植被丰度和额外的人为热源（Larsen，2015）。深色致密的表面材料和建筑物的垂直结构会吸收太阳辐射，限制空气流通并阻止来自乡野的冷气流进入城市。而且，由于建筑密度高，城市地表和大气之间的湍流交换减少，引发街道的温室效应，在极端炎热的情况下会危害人体健康。城市气候还受到植被结构、城市景观结构和城市发展格局的影响（Li et al，2011；Lehmann et al，2014；Yu et al，2018）。城市植被通过遮阴和蒸发散来调节城市小气候。城市的关键生态特征是建筑物的结构与排列、封闭表面的比例、绿地的质量与结构，以及土地利用的具体情况。不同土地利用类型的位置、空间分布和结构模式以及由此产生的开放空间与绿地的比例对于生态系统服务起着决定作用（Li et al，2011；Li et al，2012；Zhou et al，2013；Lehmann et al，2014）。

自2007年以来，超过一半的世界人口生活在城市中，预计在未来的几十年里城市人口将会上升95%，导致世界进一步的城市化（UNPD，2012）。城市化会使城市地区的空气温度和地表温度上升，进而加剧城市热岛效应（Oke，1973；Streutker，2003）。之前的研究表明城市热岛效应会随着城市规模的对数呈线性增长，城市规模可以通过城市人口来测量，如图3.3所示。

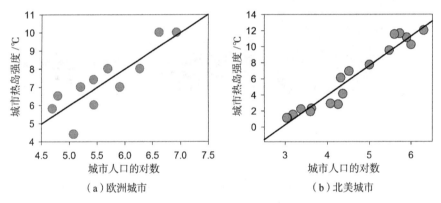

图3.3 城市热岛强度（用城市和农村地区的最高气温之差表示）与城市人口规模的关系
（图片来源：根据 Oke，1973 年的图重绘）

气候变化将会使这些特殊的城市气候更加恶化，进而降低城市地区居民的生活质量。尽管各个城市有着不同的区域特征，但都面临全球变暖的风险。联合国政府间气候变化专门委员会（IPCC）的第五次进展报告中预测，极端天气状况将会进一步增加。最近的气候预测显示城市地区的平均气温在不断上升，特别是热浪，其更高的爆发频率和更长的持续时间将极大地危害城市生活质量（IPCC，2013；Li and Bou-Zeid，2013；TEEB DE，2016）。城市化和全球变暖共同导致城市热环境持续恶化，毫无疑问，城市地区更高的温度以及由热浪引发的风险将会进一步影响城市生态系统和公共健康（Patz et al，2005）。因此，如何适应由城市化和气候变化导致的气温上升及其他不利后果是一个巨大的挑战。

高温胁迫和人类健康

在当前全球变暖的趋势下，夏季热浪将会发生得更加频繁（Easterling et al，2000；Frich et al，2002），而极端热浪的危害据估计也要加倍（Schär and Jendritzky，2004；Schär et al，2004）。在夏季，太阳直射、高温、潮湿以及低风速会引起人体的热负荷以及极端高温胁迫（例如 Jendritzky et al，2009）。城市热岛效应和极端高温事件会增加与高温有关的疾病的发病率和死亡率。例如，1995 年 7 月芝加哥创纪录的热浪期间至少有 700 人死亡（Semenza et al，1996）。2003 年 8 月席卷欧洲的夏季热浪引发的死亡人数达到了 2.2 万～3.5 万人，法国死亡率上升了 54%，德国的巴登－符腾堡州两周内有记载的额外死亡人数达到了 900～1300 人（Schär and Jendritzky，2004）。上海 2003 年 7—9 月期间发生的 3 次热浪，总共持续了 33 天，最高气温超过 35℃。据估计热浪期间额外的死亡总人数为 836 人（见表 3.3，由于两者之间只隔了两天，后两次热浪被合并成一次）。

2003 年上海两次城市热浪（HW1 和 HW2）导致的城市居民额外死亡 表 3.3

（引自 Wang，2013）

	HW1	CK1	额外死亡人数	RR/95%CI	HW2	CK2	额外死亡人数	RR/95%CI
总死亡人数	4815	4212	603	1.14（1.08，1.22）*	3428	3195	233	1.07（1.02，1.14）*
心血管疾病导致的死亡人数	1627	1351	276	1.20（1.07，1.38）*	1127	1037	90	1.09（0.98，1.22）
呼吸系统疾病导致的死亡人数	624	577	47	1.08（0.87，1.43）	488	449	39	1.09（0.89，1.40）

注：CK 代表对照组，RR 代表热浪中死亡人数与对照组的比例，*表示 P（统计显著性）<0.05；CI：置信区间。

在大城市，气温超过 20℃以上的夜晚称为"热带夜晚"，高温使得城市居民很难获得必要的放松来舒缓白天的高温胁迫，同时睡眠也会受到影响，这可能造成健康危害（Höppe，1999）。因此在热浪期间老年人、病人和幼童（学步阶段的儿童）等脆弱人群会有更高的健康危害风险（Burkart et al，2013；Scherber et al，2013）。在德国，由于人口结构变化，老年人的数量将越来越多，因此具有调节气候功能的生态系统服务在未来会更加重要。但是，城市热岛在城市地区也不是平均分布的。诸多城市的地图都清楚地显示出人类高温胁迫区域主要是由于过于密集的建筑和缺少绿地造成的（Scherber et al，2013；Krüger et al，2014）。图 3.4 展示了德国德累斯顿市中心所有年龄阶段的人群受到城市热岛效应影响的程度。

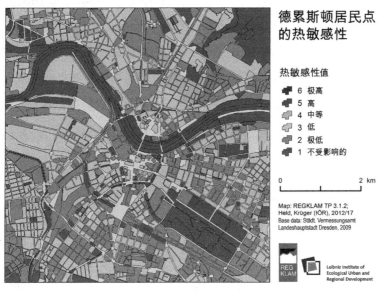

图 3.4 市中心的热岛区域：德累斯顿市中心地图展示了所有年龄段的人群受到城市热岛效应影响的程度（图片来源：在 Krüger 等，2014 年基础上修订）

城市绿地对微气候调节功能

城市绿地通过降低气温、提高湿度和改善空气流通对居民的健康和福祉产生了积极的影响（见 **3.1**）。城市绿地以多种方式影响气候要素（表 3.4）。

城市植被对选定气候要素的气候效应　　　　　表 3.4

（Mathey et al, 2011；TEEB DE, 2016）

气候要素	城市植被覆盖率增加带来的气候效应	定性描述
空气温度	下降	遮阴效果增强，特别是乔木植被；植物的蒸腾作用及对太阳能的反射，使植被底下及毗邻区域凉爽，起到降温作用
空气湿度	上升	雨水径流量降低、雨水渗透量增加、蒸发表面增大、水蒸气释放量加大
风	下降	植被区域和周边环境出现温度差，空气垂直运动，根据植被的排列结构形成了支持或阻碍空气水平交换的小型空气环流，空气阻力加大并由此降低了风速
光照	从不受影响到下降	降低树木和稍高的灌木丛下的亮度最大值（中高植被层下衰减），反射太阳光，起到遮光效果

城市绿地的降温效应

通过遮阴和蒸发散热作用，城市绿地对城市热环境有着显著的降温作用。很多研究表明城市公园作为城市绿色基础设施的一个重要组成部分，对冷却城市温度和减轻城市热岛效应有着非常重要的作用（Huang et al, 1987；Taha et al, 1991；Chang et al, 2007；Bowler et al, 2010）。研究表明城市公园比其周边更凉爽，因此可以像"绿洲效应"（Taha et al, 1991）或者"冷岛效应"（Jauregui, 1990；Chang et al, 2007）一样起到冷却降温作用。

城市绿地的降温效果在很大程度上取决于绿地的类型、面积、自身结构以及周边地区的景观格局（Li et al, 2012；Cheng et al, 2015）。以一个城市公园为例，我们可以通过公园的冷岛效应来衡量城市绿地的降温效果（Chang et al, 2007），公园冷岛效应是指公园内部与附近环境之间的温差。因此，公园的降温效果很大程度上同时取决于公园自身的温度和周围环境的温度。根据鲍勒等（Bowler et al, 2010b）的估测，城市公园平均降温效果白天为 0.94℃，夜间为 1.15℃，温差范围为 1～7℃（Chang et al,

2007；Jusuf et al，2007）。公园的降温效果究竟能到什么程度？一个公园的降温效果可以覆盖多大的地域面积？这些对于城市绿地规划都是至关重要的问题，因为它们对公共健康有影响。模拟结果显示降温距离可以达到距公园边缘的100m（Shashua-Bar and Hoffman，2000）到接近500m（Honjo and Takakura，1990；Barradas，1991）。

植被覆盖面积比例越高，绿色基础设施及其产生的降温效果也就越高（Mathey et al，2011，2015）。德累斯顿的模拟结果显示大面积的植被可以降低夏季的最高温度。图3.5展示了几种城市绿地类型调节局部温度的潜力。一定面积内的绿地对气温的影响差异较大，面积为1hm²的绿地平均降温效果在一天当中的变化范围在0.1～2.4K之间。除了范围明确的城市绿地之外，居住区内部的植被也有气候调节作用。因此，当地表封闭比例较低而且植被构成多样化（以草地、灌木丛和小乔木及高乔木为主）时，居住区内观测到的降温效果最高（图3.6，类型3）（Lehmann et al，2014）。

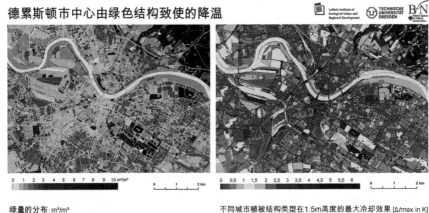

图3.5　德累斯顿夏季高光照的一天绿量（左）和最大降温效果（右）的分布图（图中K表示开尔文；图片来源：在Mathey等，2011年基础上修改）

各种类型城市绿地的调节效果在一天当中是有变化的。白天气候效应由太阳直射、遮蔽、风速和风向的相互作用决定。在正午时分，通常可

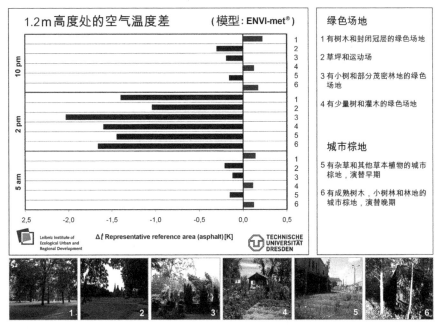

图 3.6 德累斯顿选定城市绿地类型在 5 点、14 点和 22 点的小气候效应图 （图片来源：由 ENVI-met®，Bruse 和 Fleer，1998 年建模；在 Mathey 等，2011 年基础上修改）

能实现降温效果。但是，取决于特殊的结构，早晨和傍晚时分的气温较之沥青覆盖区域的温度还要高。密集建筑区和封闭区都能储存热量，在夜间会向周围环境释放热量（Lehmann et al，2014）。由于白天受热较少，热存储较低以及蒸发量高，城市绿地在傍晚和夜间时段的降温效果远远高于建成住宅区。在白天，城市绿地较低的温度在树木覆盖的区域尤为明显，而开放的未封闭的地表如草坪和草地（图 3.6，类型 2）在夜间的降温潜力通常较高，茂密林地（图 3.6，类型 1）在太阳下山后会阻碍表层降温（Mathey et al，2011，2015）。密集建筑区和地表封闭区域会储存夏天太阳辐射的热量，然后在傍晚时分释放到它周围的环境中去。这种过热现象可以通过具有气候调节作用的绿化墙得到降低（见 **4.2.1**）。公园中的树荫在炎炎夏日是非常受欢迎的，但是干草坪或者落叶树木和地表封闭区域的效果非常类似，即具有相反的效应。

除了植被覆盖率，单个城市绿地面积对于其小气候调节的潜力是非常重要的（表3.5）。通常来说，大面积城市绿地要比小面积绿地的降温效果更好。当绿地面积翻一倍即可产生1K的降温；面积再扩大可以使降温幅度达到1.5～3K。可感知的气候效应通常都是以1hm²的城市绿地为起点进行描述的（Stülpnagel in Gill et al，2007）。整个城市的植被覆盖区域比例越高，绿地植被的降温效应对城市气候的影响就越明显。例如，如果曼彻斯特市中心绿地的比例上升10%的话，就可以弥补直至2080年气温升高所导致的负面效应。相反，假设所有城市废弃地（棕地）都被用来建造房屋的话，由此带来的城市绿地损失将导致气温的急剧上升（Pauleit，2010）。

城市公园的面积和公园冷岛效应（PCI）的关系 表3.5

城市环境和公园内部的水平温差为 K；汇编自 2006 年博加特（Bongardt）的多种测量结果和李俊祥未发表的关于上海的数据

城市公园的面积等级（德国）	PCI	城市公园的面积等级（上海）	PCI（夜间）
面积 5hm² 以下的城市公园	2.9 ～ 4K	面积 1 ～ 5hm² 的城市公园	0.7 ～ 2.7 K
面积 20 hm² 以下的城市公园	高达 2.5K	面积 5 ～ 10 hm² 的城市公园	0.2 ～ 3.1 K
面积 100 hm² 以下的城市公园	2 ～ 2.5K	面积 10 ～ 30 hm² 的城市公园	0.2 ～ 2.0 K
面积 100 hm² 以上的城市公园	1.7 ～ 6K	面积 30 ～ 150 hm² 的城市公园	0.2 ～ 1.0 K

通常，单个绿地面积越大，降温效果所能发挥的距离也就越远。基于单个大型公园进行气温测量的研究结果表明，降温效果的最大距离在瑞典的哥德堡可以达到1100m（Upmanis et al，1998），在新墨西哥城可以达到2000m（Jauregui，1990）。但是，在没有地形影响的情况下，大多数城市绿地的气候作用距离通常在200～400m之间（Stülpnagel，1987）。在上海，公园的最大降温距离随着其面积的增大而逐渐增加，二者（公园面积和公园的最大降温距离）存在着强相关性（$R^2 = 0.734$，$p < 0.001$）（Cheng et al，2015）。

城市绿地的气候效应受到城市土地覆盖和土地利用变化（Chen et al，

2006）以及城市景观格局的影响（Li et al，2011；Zhou et al，2013）。最近的研究证明城市绿地的景观格局会影响到公园气温或者地表温度。例如，中国北京的个案研究表明绿地覆盖率可以作为地表温度的预测因子。绿地覆盖率每增加10%，地表温度就会降低大约0.86℃。地表温度也受到绿地结构的影响，尤其是其斑块密度。绿地的组成和结构在很大程度上能够解释地表温度的差异（Li et al，2012；Cheng et al，2015）。

在《德国适应气候变化战略》中，生物多样性保护被看作是保护自然系统适应性的一个必要条件。利用自然保护、减轻气候变化和气候适应的协同效应等综合措施，可以保护生物多样性（Bundesregierung，2008）。

3.3.2 雨洪调节

斯蒂芬妮·罗塞勒斯（Stefanie Rößler）、陈博平、谢高地、张彪

绿地为城市水循环提供了多种调节服务。自然蒸发和渗透确保了水的调节和循环。面对气候变化所带来的日益严重的挑战，无论是多变的降水情况还是日益增加的降水量，都使得城市绿地对水循环的调节服务变得越来越重要。不同类型的绿色基础设施为处理这些需求提供了不同的机会，并利用这些调节服务补充灰色基础设施的不足。

调节能力

城市水循环由降水、蒸发（或者蒸散）、入渗、潜流、地表径流和河川径流完成（Illgen，2011）。这些过程会受到许多因素的影响，特别是集水区的土地利用。土地覆盖/地表封闭对于直接径流和间接径流（蒸散率）有着特殊的影响，决定了土壤保水、入渗能力以及地下水补给能力（Haase，2009）。

日益增加的建筑活动会导致地表封闭，进而降低集水区对降水的透水性以及植被的数量。这会导致水平衡受到干扰以及地下水补给率的降低。

由于入渗和蒸散的减少，地表径流增加（表 3.6），导致对径流处理技术的
需求不断增长，并增大了洪水的潜在破坏能力（Weller et al，2012）。

地表封闭和水径流增加之间的关系　　　　　　　　表 3.6
（Arnold and Gibbons，1996；Paul and Meyer，2008）

单位集水区不透水面增加幅度	水径流增加幅度（与森林地区相较）
10 % ～ 20 %	两倍
35% ～ 50 %	三倍
75% ～ 100 %	大于五倍

以开放土壤和植被覆盖为特征的绿地提供了许多调节服务，减轻了
由于建筑活动导致地表封闭增加所带来的影响。植被可以通过枝干叶片
截断水流以减少地表径流。在渗流以前，土壤可以将水存储在孔隙当中
（Gómez-Baggethun et al，2013）。

通过这些自然过程，减少了地表径流，降低了城市洪水的风险，并缓
解了城市污水系统面临的压力。蒸散发过程直接关系到植被对城市小气候
的影响。因此，与水相关的调节服务是与气候相关的调节服务的前提。

此外，在城市河流以及污水系统导致的突发洪水的情况下，绿地提供
了能够蓄水／存水的区域，在极端情况下还可以引导地表径流和洪水，使
之朝着与房屋、地下停车场或者地下交通设施相比损失较低的地区流动。

气候变化和对健康城市水平衡的迫切需求

在城市地区，从促进土壤和植被生长的自然进程，到稳定城市河流系
统和地下水系统，稳定的水平衡提供了多重益处。

鉴于气候变化所带来的影响，这些益处在城市地区变得更加重要。降
水状况的改变（如降水量、降水时间和年降水分布）对于城市地区有着较
大的影响，而这些影响又会因为不同的城市和地区而千差万别。具体如下：

— 干旱。可能会导致城市水系统紊乱，地下水补给失衡；植被缺水
可能导致灌溉需求增加；城市河流的渗透性以及水生态系统的健
康可能受到干扰。

— 降水量和年降水分布的变化。可能导致植被生长期的变化，因此
　需要采取适应性措施。

— 强降水事件增多（由于降水量和降水时间的改变）。可能导致洪
　水。具体而言，城市河流和过载的城市污水系统无法应对突发的
　强降水时就会引发洪涝灾害，对人类、建筑和基础设施构成威胁。

示例 3.3　北京地表径流减少

基于北京城市绿地的档案数据，研究者采用雨水径流系数法和经
济价值评估法，对城市绿地减少雨水径流而带来的经济效益进行了评估
（Zhang et al，2012a）。评估结果显示每公顷绿地可以减少 2494m³ 的潜在
径流，总计有 1.54 亿 m³ 的雨水被存贮在这些城市绿地中。这些存储起来
的雨水几乎可以满足北京市城市生态景观的年度用水。2009 年，总体经
济效益为 13.4 亿元人民币，相当于北京绿地维护费用的 3/4；雨水径流减
少的经济价值为每公顷 2.177 万元人民币。此外，根据城市绿地带来的雨
水径流减少的数量和价值，对北京下辖区县进行了排名。结果显示，每公
顷绿地的平均效益在不同区县大不相同，这或许和不同区县的不透水面指
数有关（图 3.7）。

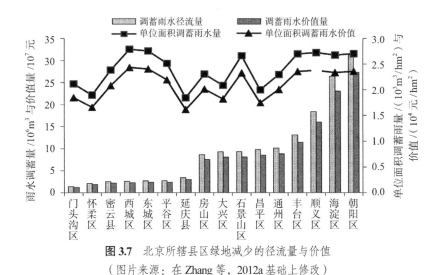

图 3.7 北京所辖县区绿地减少的径流量与价值
（图片来源：在 Zhang 等，2012a 基础上修改）

该研究告诉我们，绿地通过减少雨水径流而具有显著的经济价值。因此，仅仅通过增加不透水面积改善雨水排水，北京便可从中获益，而建造和维护一个雨水排水系统的成本非常高昂。

示例 3.4　宁波生态走廊——3.3km 的"活体过滤器"

宁波东部新城生态走廊修复工程赢得了 2013 ASLA 规划设计荣誉奖。宁波市经济发达，人口大约为 350 万（2010 年），曾遭受湿地和水生生境的严重流失。生态走廊是一条贯穿宁波市东部的湿地，起初，它只是一片不宜栖居的棕地，但是现在被打造成了植被丰富的绿地，原本枯涸的河道也由人工运河重新连接起来。作为缓冲带，这条生态走廊起到了存储雨水径流和缓解水污染的作用。生态池塘、沼泽湿地和水生生境也保护了该地区的生物多样性。因此这条走廊被称为"生态走廊"（GOOOOD，2014）。

为了改善水质，在建造过程中整合了许多的方法。具体策略如下：

1. 建造山丘和峡谷，提高水流速度，启动活性水处理。

2. 使用植物和生态方法去除已有的污染源，净化湿地环境。

3. 收集干净的雨水。据项目负责人的说法，水质已经从五级上升为三级。

示例 3.5　哈尔滨群力城市湿地公园

始建于 2006 年的群力新城是一个新城区，占地面积为 2733hm²，位于中国哈尔滨市的东郊，计划在 13 ～ 15 年内建造 3200 万 m² 的建筑，预计将有 25 万人居住于此（TURENSCAPE，2011）。然而，仅有 16.4% 的可利用土地面积被划为可渗透的绿地，曾经大部分平坦的平原都将被不透水的混凝土覆盖。该地区的年降水量为 567mm，主要集中在 6 ～ 8 月（占年降水量的 60% ～ 70%）。历史上此地经常发生洪涝灾害。

随着城市中心濒危湿地修复工程的展开，2009 年，一个湿地公园项目启动，其目的不仅是为了城市绿化和市民休闲，也是为了缓解城市洪涝灾害的负面影响以及城市水资源的再生。湿地公园项目旨在发挥多重功能，包括收集、净化、存储雨水并维持地下水源、改善水文循环、防洪和抗旱。

随着项目（图 3.8）的开展，原来的湿地得到了修复，并围绕公园周围设计了新的绿 – 蓝区域如圆丘和池塘，作为引导、过滤和净化雨水的缓冲区。此外，城市排出的雨水也通过管道系统引入湿地公园中，在进入湿地核心区之前，这些雨水已经被湿地公园周围的植被和多层绿 – 蓝基础设施进行了预净化。其他的辅助手段包括在圆丘上植树（垂枝桦）以保持水土以及在树林和湿地间铺设小路以供市民欣赏公园美景。

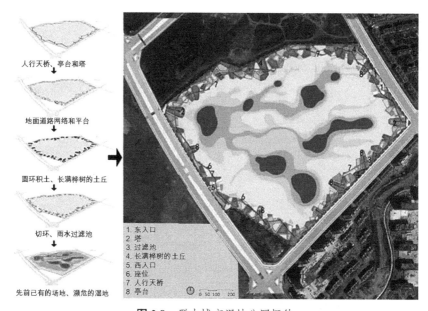

图 3.8 群力城市湿地公园概貌

（图片来源：中国建筑中心；TURENSCAPE，2011）

据估测，该湿地公园可以直接吸收 123hm² 范围内的降水，并能通过管道网络吸收 300hm² 范围内的雨水径流。公园的雨水存储能力会视不同的情况而变化，但基本介于 7.1905 万～ 13.7674 万 m³ 之间。此外，公园还有着显著的社会价值，其丰富的植被绿化为市民的休闲娱乐提供了良好的空间场所。公园中可以举行各种室外活动，如野餐、拍照以及体验野外生活等。该公园已成为一个休闲运动的良好场所。对于学生而言，湿地公园也提供了了解自然、组织科学远足的绝佳机会。从经济学的角度来讲，将城市土地用作绿色"海绵体"可以节约大量的城市基础设施成本；该项目建成后，周边的房地产价格立即翻了一番（TURENSCAPE，2011）。

示例 3.6 减少封闭的地表以节约成本

项目位于德国德累斯顿市一个住宅区已经停用的停车场，面积约为1.1hm²，在当地住房合作组织的倡议下被改造成了一个城市公园（图3.9）。目的是建立一种低维护成本的"城市森林"，并提高其生态价值。在德累斯顿市议会干预补偿计划的资助下，种植了5000棵树和灌木。这个新建成的城市绿地具有吸收雨水的能力，从而降低了废水处理的成本（大约1.1万欧元/a）。城市污水系统崩溃泛滥概率大为降低，有助于减少损失。换句话说，替业主和租客省了钱（REGKLAM-Konsortium，2013）。

图 3.9　德累斯顿市的新"城市森林"©R. Vigh/IÖR

3.3.3 净化空气

张彪、谢高地、卡斯滕·古内瓦尔德

空气污染对健康的负面影响

工业、住宅供暖、交通和废物处理都会对空气造成污染，这是全世界许多大城市的主要环境问题。空气污染直接影响了人类健康，尤其是带来心血管疾病和呼吸系统疾病的增加（Leiva et al，2013；WHO，2013）。近年来，越来越多的课题（Tchepel and Dias，2011）开始研究空气微粒污染对健康的负面影响。例如，直径小于 $10\mu m$ 的颗粒（PM_{10}）能够渗透至肺部，任何过渡金属如铁和铜都会释放自由基进入肺液，从而引发细胞炎症（Birmili and Hoffmann，2006）。

即使在城市内部，不同地域的健康风险也有很大差异。在西欧，人口密度高的富裕且结构稳定地区其细小颗粒的浓度也相对较高（TEEB DE，2016）。在德国，由于微粒物质过量，每年大约有 4.7 万人过早死亡，还有大量的人群需要进行心血管和呼吸系统疾病的治疗（Kallweit and Wintermeyer，2013）。90% 的欧盟城市居民都生活在超过世界卫生组织指导标准的空气污染中（EEA，2013）。

由于城市快速扩张，工业发展和汽车数量的增加，空气颗粒物也已成为许多中国城市的主要污染物。图 3.10 显示了北京的空气质量指数最高值达到 500 的一天。这意味着空气污染达到了最严重的程度。根据北京环境监测站的数据，$PM_{2.5}$ 达到 $945\mu g/m^3$，远超国家标准的极限值 $75\mu g/m^3$。总的来说，中国城市的空气质量已经有所改善，根据斯潘根贝里（Spangenberg，2014）的研究，现在的空气质量和 20 世纪 50 年代的德国相近。但是，如果城市居民需要经常佩戴口罩的话，很显然中国的空气污染问题还远没解决。

图 3.10　2015 年 12 月 1 日北京冬季雾霾天气 © 卡斯滕·古内瓦尔德

　　作为中国改革开放的试点地区之一，珠江三角洲地区一直承受着诸多空气污染问题，如高臭氧、酸沉降、区域性雾霾等。学者利用 WRF-CMAQ 模型，估计和比较了 2010—2013 年间在珠江三角洲地区由四种污染物（二氧化硫、二氧化氮、臭氧和 PM_{10}）引发的健康负担（Lu et al，2016）。他们发现由二氧化氮、臭氧和 PM_{10} 导致的短期全因死亡人数在1.32 万～2.28 万人之间，最高经济损失在 147.7 亿～253.05 亿美元之间，相当于当地国内生产总值的 1.4%～2.3%。

城市绿地减少空气污染的机制

　　植被可以通过多种方式清除污染物（Rowe，2011）。植物通过气孔吸收气态污染物，通过叶片拦截颗粒污染物，且能降解植物组织内或者土壤中诸如芳香族碳氢化合物之类的有机化合物。此外，植物还可以通过蒸腾降温和提供树荫来降低地表温度，从而降低形成大气污染物（如 O_3）的光化学反应，进而间接降低空气污染物浓度，例如，阿克巴尔等人（Akbari et al，2001）的研究显示，当洛杉矶的日最高温度低于 22℃时，臭氧含量会低于加州标准，即 90ppb；当温度超过 35℃时，几乎整天都是雾霾笼罩。以北京为例，其城市绿地的降温作用降低了对空调的需求，这种更低的能耗也降低了发电厂的排放量（Zhang et al，2014）。

尽管一些气体可以由植物表面进行清除，但树木清除气态污染物主要是通过叶片气孔吸收完成的。一旦进入叶片内部，这些气态污染物就会扩散到细胞间隙，可被水膜吸收形成酸，或者与内叶表面发生反应。树木还可以通过拦截飘浮在空中的颗粒物来清除污染。尽管大多数被拦截的颗粒都附着在植物表面，但有一些颗粒可以被吸收进树木内部。被拦截的颗粒物经常会重新悬浮于空气中，被雨水冲走或者和枝叶一起掉落地面。当带有污染物的空气流经树冠时，风速会由于森林阻力而降低，颗粒物在重力的作用下掉落。城市森林对空气污染物总悬浮颗粒物（TSP）和PM_{10}的阻拦作用非常有效，但对$PM_{2.5}$的效果不明显（Chen et al，2003；Ren et al，2006）。

因此，叶片只能吸收细小和超细小颗粒物（Sæbø et al，2012；Zhao et al，2014）。植被只是许多大气颗粒物的临时驿站。

城市绿地降低空气污染的潜力

很长时间以来，人类就知道树木有助于减少空气污染物。古罗马元老院很早就认识到罗马城周边别墅内的果园对于保持空气质量的价值，并禁止将果园改建为城市住宅（Cowell，1978）。

诺瓦克（Nowak，2006）研究了美国几个城市通过城市森林清除空气污染并改善空气质量的案例。根据他们的研究，城市森林所清除的空气污染物总量（臭氧、二氧化氮、二氧化硫、一氧化碳和PM_{10}）达到了71.1万t。利用假定的城市森林结构值（比如叶片面积指数），美国洛杉矶利用树木清除PM_{10}的预测均值为$8.0g/m^2$。根据德国和荷兰学者们的预测，树木的过滤能力在5%～15%之间（Langner，2006；Kuypers et al，2007 in TEEB DE 2016）。因此，城市绿地可以作为其他改善空气质量措施的有效补充，如减少工业排放或者交通管制（Vos et al，2012）。

在2002年北京市中心地带有240万棵树，这些树木每年从空气中吸收的空气污染物总量大约在130万kg，标准化的除污率是$27.5g/m^2$（以树冠面积计算），其中PM_{10}占到了总空气污染物的61%（Yang et al，2005）。

克雷默等（Kremer et al，2016）估算每年纽约市树木、灌木和草地清除空气污染物的总量为 280 万 kg。通过树木降低污染非常重要，但其他植被结构也能有助于改善城市的空气质量。德克森等（Derkzen et al，2015）给出了三种绿色植被降低污染的案例分析。选定的三种绿色植被分别为树林、灌木和草本植物，其空气净化效果分别为 2.7、2.1 和 0.9，单位为 g/（$m^2 \cdot a$）。但是，这些数值只能作为一种导向，它们会随着测试环境的改变而变化，无法轻易复制。

绿色屋顶和外立面也能起到空气颗粒物被动过滤器的作用。尽管其效果不如行道树显著，但由于其表面粗糙程度更低，距离污染源距离更远，它们常被看作城市空气污染的补救措施，因为它们的建造不需要对城市建成环境进行大规模的改变，而植树计划却经常需要对环境进行改造。目前已经有证据支持绿色屋顶植被具有清除空气污染的潜力。研究发现（Yang et al，2008）19.8hm^2 的绿色屋顶一年内可以清除 1675kg 的空气污染物，如二氧化氮、二氧化硫和 PM_{10}。多伦多的一项研究发现，如果这座城市所有的屋顶都改建成绿色屋顶，那么总计可以清除 58t 的空气污染物，而且密集的绿色屋顶要比松散的绿色屋顶更有效（Currie and Bass，2008）。斯皮克等（Speak et al，2012）的研究验证了这样的情景：假设曼彻斯特市中心选定区域内所有的平坦屋顶都安装了延展型绿色屋顶，那么一年可以清除 0.21t 的 PM_{10}，这相当于该地区 PM_{10} 总量的 2.3%。

影响降低空气污染的因素

树木蒸腾和沉积速度受树木覆盖量、污染浓度、叶片生长季时长、降水以及其他气象变量的影响，使不同树种的清污值也各不相同。所有这些因素综合起来对清污总量和单位树木的标准清污率产生影响。

叶片特征会影响空气污染物在叶片表面的沉降。叶片表面长有深沟或者浓密叶毛的树种（如白杨和斑叶稠李）对于清除尘土效果更佳，而叶片表面长有瘤状突起的树种（如秋子梨和稠李）的效果则要弱很多（Chai et al，2002）。通常，常绿树木清除空气污染物的效率更高，因为它们的树叶保留时间更长。生长速度会影响功能性树冠面积，进而影响空气污染物的清除。生长速度快的树木在栽种后不久就能长出可以清除空气污染物的叶片。

风速对清污能力也有影响。例如，学者研究发现 10.4m/s 的风速无法吹落侧柏、圆柏、油松和红皮云杉叶面上的颗粒物（Wang et al，2006）。

空气污染降低对生态系统服务价值的影响估算

就城市绿色对空气质量的影响而言，其价值与效益在不同的空间尺度上都得到了认可（示例见框 3.2）。

框 3.2　城市绿地改善空气质量的能力和效益示例

巴塞罗那（西班牙）：每年城市绿地可以清除 166t 颗粒物（PM_{10}），相当于城市尘土排放总量的 22%；其货币价值达到每年 110 万美元（Baró et al，2014）。

北京（中国）：研究（Feng et al，2007）测试了北京门头沟区不同植物叶片吸附尘土的能力，并且利用遥感和地理信息系统等技术手段评估了自然植被吸附尘土的总量和价值。他们的研究发现灌木林和落叶阔叶林是吸附尘土的主力军。门头沟区的自然植被每年可以减少 2.95×10^5t 尘土，产生的经济效益达到了 6710 万元。另一项研究（Tong et al，2015）把受到严重交通污染的北京城区作为研究案例，预估了道路绿地每年能够清除的 $PM_{2.5}$ 总量，以及相应的健康效益。他们的研究结果显示，北京城区的道路绿地每年可以清除 1.09t 的 $PM_{2.5}$，并能显著降低居民的健康风险。因此，它所产生的与健康相关的经济效益达到了 1.98 亿元。

芝加哥（美国）：每年树木清除臭氧、二氧化硫、二氧化氮、二氧化碳和 PM_{10} 产生的货币效益达到了 640 万美元（Nowaketal，2010）。

广州（中国）：有学者研究了广州城市森林吸附和清除空气污染物的功能性价值。研究结果显示，不同类型的城市森林每年的净化能力从 $36.84kg/hm^2$ 到 $365.28kg/hm^2$ 不等；吸附二氧化硫产生的经济价值总量达到了 1.13 亿元；城市森林每年可以吸收 3078.52t 的氟，相当于 3240.45t 的氢氟酸；功能性价值达到 8.1 万元 /a；吸附尘土总量为 6.08 万 t/a；经济价值为 1.91 万元 /a。因此，广州城市森林清除空气污染物的总价值为 11.4 亿元 /a（Wu et al，2009）。

因为植物物种具有不同的清污减排能力，可以对它们进行选择以最大限度地改善空气质量。例如，常绿针叶树在清除颗粒物、臭氧、氮氧化物和硫氧化物方面要比落叶树更高效，因为清除行为主要发生于植物积极生长和长有叶片时。个体植物物种也展示了它们在污染物吸附能力上巨大的差异。城市树木的树冠部分是同质化的，这种混合树冠效应可以增加污染物的沉降。美国环境保护署已经把城市覆盖树木作为实现空气质量达标的潜在新兴手段（US EPA，2004）。简而言之，在制定政策时，如果能考虑到城市森林的全功能性及其时空异质性、规模、适宜的物种选择、维护、水源利用、有机废气排放率、过敏效应、空间安排以及数量和质量，那么就能最大程度地提高城市空气质量和城市居民的幸福程度。

3.4 城市"休闲"绿色空间的文化服务

卡斯滕·古内瓦尔德、约尔根·波伊斯特

《千年生态系统评估》（MEA，2005）把"文化生态系统服务"（CES）定义为"人类通过充实精神、发展认知、反思、休闲和审美体验等行为从生态系统中所获得的非物质效益"。在生态系统服务的框架下，所有的价值都需要从人类的角度进行评估。但是，人类的需求对文化条件的依赖程度很高，它既取决于个人的人生目标，也依赖于公众的观念，而后者受媒体的影响极大。在生态系统服务的研究中，如何评估文化生态系统服务一直被认为难度很大，这主要是由于文化服务和其他类型的服务不同，其本质难以确定，难以捉摸（Grunewald and Bastian，2015）。

然而，文化生态系统服务与城市景观的物理特征之间依然存在着相互关联和指征。城市自然为人类提供了多重的机会来享受自然、启迪灵感、充实精神、愉悦审美和休闲放松。这样的"心理服务"与调控服务及供应服务相比，重要性丝毫不差，但却经常被人忽略或者没有完全体现其重要程度。原因之一就是很难从经济层面，尤其是金钱层面对其进行评价。另一种服务包括"信息服务"，如生态系统对于知识和教育的贡献。为了获得关于文化生态系统服务的信息，我们使用了定性（框3.3）和定量的评估方法。

框3.3　对柏林市城市绿色提供的文化生态系统服务的认知

马拉亚等（Maraja et al，2016）调查了柏林城市环境下对文化生态系统服务及其益处的认知。研究发现人们对于文化生态系统服务的认知多种多样，而且有重合的部分。在作者进行的总数为2536例的采访中，最重要的认知类型如下（以百分比表示各种认知的占比）：

— 休闲与旅游（30.0%）

— 自然意识（12.2%）

— 审美（12.1%）

— 地域身份认知（9.9%）

— 社会关系（8.5%）

— 教育（6.6%）

— 精神与宗教（6.4%）

— 文化多样性（5.3%）

— 文化遗产（5.2%）

— 社交和运动（2.5%）

— 启迪灵感（1.4%）

描述文化生态系统服务——城市中的休闲

高密集的城市对于城市居民来说是一个充满压力的环境。总的来说，城市生活的快节奏和名目繁多的新鲜事物让人几乎没有静心思考的空间（Bolund and Hunhammer，1999）。在此背景之下，休闲放松的机会可能是城市绿地提供的最大益处（Andersson et al，2015）。正如前面第一节所指出的，把时间用在绿地上有助于改善身体和精神健康。当城市能够为居民提供充足的绿地和公共户外休闲的机会时，城市才会变得更加有吸引力。

城市中的生态系统为居民提供了满足其体验自然、休闲娱乐和审美情趣需求的服务（Barbosa，2007；Kabisch and Haase，2013；Elmqvist et al，2015；Lee et al，2015）。接下来，我们会把这些文化生态系统服务统称为"城市中的休闲"。鉴于这些休闲区的服务对象是城市居民，除却它们的面积占比（指的是休闲区和整个城区面积的比例或者和整个城市人口的比例）和质量外，它们的可达性（步行距离）和公共可达性也是非常重要的因素（Comber et al，2008；Kabisch and Haase，2014；Wolch et al，2014）。

按照欧盟的"国际生态系统服务分类标准"（Common International Classi-fication of Ecosystem Services；Haines-Young and Potschin，2013），"城市中的休闲"主要属于"物理和体验性互动"这一大类下面的"在不同环境下对动物、植物和陆地 / 海洋景观的体验性利用"和"在不同环境下对陆地 / 海洋景观的物理性利用"，属于"在不同环境下与生物群、生态系统和陆地 / 海洋景观的物理和智力互动"的一部分。但是，其他类别的文化生态系统服务也有涉及（如审美情趣）。在更加狭义的层面上，它主要包括"日常的或者闲暇时间的休闲"和"在住宅环境中的休闲"。

紧邻绿地是人们选择住所的一个关键标准（TEEB DE，2016）。在住宅的公共区域进行休闲放松对于改善居民的生活质量极为重要，尤其是对于那些没有私人机动交通工具的人群以及行动性较差的人群如老年人、残疾人和儿童来说，更是如此。各个阶层、年龄段的人群，不论性别、职业，都能拥有休闲空间，这关乎社会公正（Panduro and Veie，2013；Kabisch and Haase，2014；Wüstemann et al，2016）。

因此我们认为"城市中的休闲"的发展目标应该定位于为每一个居民提供公共、可达、可及的绿地（Grunewald et al，2017a）。城市绿地的可达性可以理解为"城市居民住所一定范围内的城市绿地量"（Kabisch et al，2016）。

用来描述"城市中的休闲"的重要可测参数如下：

—— 住宅区内具有提供（自然意义上的提供）休闲功能的绿地份额、供给的程度和绿地的质量。

—— 用于住宅用途的建成区面积、居民数据、住宅区和邻近绿地之间的距离（用于需求预测）。

城市公园和森林所提供的休闲服务评估

示例 3.7 上海市的公园

仅仅 15 年间，上海市城市公园的面积几乎翻了一番，在 2005 年达到了 1521hm²（见 **4.3**）。城市公园对于上海市民的生活质量起着至关重要的作用。平均而言，上海市每个区每年花在公园维护方面的资金达到了 26 元 /m²。上海的城市公园游客如织，很受欢迎（Dong，2006；Zippel，2016）。

在中国的传统观念中，绿地的主要目的是满足被动休闲的需要。空间的大部分重心都放在了布局、构成、结构和植物的颜色上面。公园被看作是一个用来休闲放松、社会交往、文化和体育活动的场所（Jim and Chen，2006）。

很多研究表明，大多数游客都来自附近的社区。在受访的凯桥公园、天山公园和中山公园，绝大多数游客（占采访人数的83% ~ 94%）都认为环境是来公园游玩的一个重要因素。接受采访的大部分游客（占采访人数的 73% ~ 86%）也表达了这样的观点，"体验自然是来公园游玩的一个重要原因"。公园的装饰性本质为大多数城市居民创造了一种自然视野（Breuste et al，2013a b）。

在 2014 年，齐佩尔（Zippel）在上海最古老的公园——复兴公园进行了一次关于游客来公园的频率调查，具体方法是街头采访和观察。调查结果显示 64.4% 的受访者来自附近的社区（不超过 30 分钟的步行距离）；53.3% 的受访者喜欢在早晨来公园消磨时间，其次是喜欢在下午过来，占总人数的 21%。总计有 89.3% 受访者认为公园"重要"或者"很重要"。58.1% 的受访者来公园的主要目的是休闲放松（表 3.7）。调查结果表明游客对于公园的结构布局普遍比较满意，和公园及其相关服务的关系密切，大多数人都把公园看作是他们社区范围内享受新鲜空气、放松休闲和亲近自然的唯一场所。

复兴公园接受调查者去公园的动机　　　　　　表 3.7
（Zippel，2016）

去公园的动机	反馈数量（321）*	占总受调查者的比例 /%	占总反馈的比例 /%	去公园的动机	反馈数量（321）*	占总受调查者的比例 /%	占总反馈的比例 /%
享受新鲜空气	65	20.2	69.9	使用儿童设施	12	3.7	12.9
与自然亲密接触	58	18.1	62.4	听音乐	11	3.4	11.8
锻炼身体	37	11.5	39.8	获取新的动力	10	3.1	10.8
享受宁静	32	10.0	34.4	社会交流	9	2.8	9.7
学习自然	20	6.2	21.5	观察他人	6	1.9	6.5
欣赏自然风景	19	5.9	20.4	跳舞	4	1.2	4.3
拥有个人空间	19	5.9	20.4	制作音乐	1	0.3	1.1
忘记烦恼	18	5.6	19.4	其他	—	—	—

*受调查者最多可以从 16 个给定的选项中选出 4 个。总共有 93 名参与者正确完成了问卷，有 321 个反馈可被用以计算。

获取的调查结果为中国设计师们和市政当局提供了高效规划管理公园的指导建议，牢记人民的利益，改善文化生态系统（Zippel，2016）。

示例 3.8　北京的森林资源

由于积极的植树造林和森林资源管理，北京的林业资源自 20 世纪 50 年代以来就一直在不断增加。在 2007 年市森林面积达到了 110 万公顷（Wu et al，2010）。主要的树种包括蒙古栎、侧柏、油松、山杨、白桦、刺槐和华北落叶松。森林的生物多样性十分丰富，动植物种类繁多。研究者采用旅行费用法估测了北京 11 个森林公园的森林生态旅游价值。北京市森林产品和服务的年产出总流动值为 479 亿元，其中 2.2% 出自社会文化效益（10.4 亿元）（Wu et al，2010）。

示例 3.9 慕尼黑城市林地的价值

卢普等（Lupp et al，2016）使用相机陷阱来计算游客数量，对慕尼黑都市圈北部的两处森林实时的休闲使用情况进行了评估，同时利用采访来获取关于休闲质量和各种文化生态系统服务对森林游客的重要性等额外数据。采访还有助于更好地理解两处森林的服务区划分以及计算其货币价值（利用旅行成本方法和"日票"方法）。

在受调查的森林，游客数量远超预估；甚至有游客来自距离森林很远的地方，家和森林之间的平均距离是 29.7km。慢跑或者越野行走是非常重要的休闲方式。在一些监测地点，几乎一半的休闲者都采用了这两种休闲运动方式。根据所选计算方法，休闲所产生的货币价值达到了 1.544 万欧元 / hm^2/a。

德国"城市绿地可达性"国家指标的实现

在德国有一个"城市绿地可达性"的国家指标，是在"2020 欧盟生物多样性战略"（参见第二个目标第五条）和"德国生物多样性国家战略"背景下开发并实施的。该指标考量了城市绿地对于日常户外短期休闲活动如散步、体育锻炼和休闲放松的潜在影响。指标的具体开发和计算细节参见古内瓦尔德等（Grunewald et al，2017a）的研究成果。

该研究结果显示，在 2013 年德国范围内 74.3% 的城市（所有人口超过 5 万人的城市）居民都可以在直线距离不超过 300m（步行距离约 500 m）的范围内抵达面积超过 1hm^2 的绿地，直线距离不超过 700m（步行距离约 1000m）的范围内抵达面积超过 10hm^2 的绿地。这也意味着 2560 万德国城市居民可以享用两类绿地。但是，还有大概 610 万居民在其住区周围没有这两类绿地。

例如，尽管斯图加特市的人均绿地面积相对较低（116m^2/ 人），但该市的城市居民绿地可达率达到了 80%。在人口密集的城市核心区设有公园，在相邻山坡上保留绿地，以及人口密度较高的城市中心被森林环绕，这些都成为斯图加特市的典型特征（Grunewald et al，2017b）。

这个指标是一个相对简单、健康并且可复制的措施。它展示了德国的一个平均值，也可以在全国范围内进行城市间的简单对比。该指标非常易于理解，因为数值越接近100%，福利效果就越显著（Krekel et al，2015）。这个目标值相比绿地值（人均绿地面积）更容易理解、比较和交流。城市人口数量相比城市辖区面积更适合作为考察绿地可达性的一个参考量，因为集中的人口对于该指标有着更强的影响。该指标揭示了城市绿地与寻求休憩和放松的城市居民之间更紧密的关系。与其他国家或国际评估方法相比，这个指标所得出的结果很合理。但是，它只有在比较以相似的方法和具有可比性的数据库计算出的数值时才有意义。

结论

根据埃尔南德斯 – 莫尔西略等（Hernández-Morcillo et al，2013）进行的综述研究，目前已经开发出大约70个文化服务指标。但是，其中的大部分只涉及生态系统产生的某些益处，尤其是休闲和生态旅游。文化生态系统服务子类别中的大部分内容在自然界中是不可见的，而且由于文化和个体差异，美学和精神服务很难以量化的方式表述。因此，文化生态系统服务的综合评估只能基于描述性信息或者上述综合数据，而不是单纯的量化数据。

我们不仅需要关注绿地的数量，也要关注其可达性和质量（如休闲设施、美与和谐、安全性等），这几点非常重要。对于公共城市绿地规划以及紧凑型城市而言，其主要目标就是提供更高的可达性（见5.2）。正如我们的评估所展示，尽管有些城市的绿地供给或者人均绿地已经达到了一定高度，但在德国或者中国的城市还远远没有实现。

在中国的大城市，城市公园正在成为文化生态系统服务的重要提供者。但是西方的公园理念在中国还相对较新（Shi，1998）。虽然近年来，中国公园的开放时间延长，可达性得到改善，但是因为高住宅密度、城市发展的历史格局和极少的私人绿地（如私人花园），绿地的可达性依然涉及环境公平的议题；同样的问题，德国也存在。

3.5 供给服务

玛蒂娜·阿尔特曼

　　提供生态系统服务涉及由生态系统提供的资源输出，诸如淡水（用于饮用和能源开发）、原材料（如木材、棉花等）或者食物（来自动植物）（MEA，2005；TEEB，2011）。根据一个综述研究，水和食物是目前关于城市生态系统服务研究中最重要的服务供给（Haase et al，2014）。这些生态系统服务可以通过城市农业、城市园林、城市森林、湖泊和溪流在城市内部实现供给。但是，要想实现生态系统服务供给，城市与其腹地和偏远地区的远程联系就显得尤为关键。许多城市需要从很远的地方获取水资源以满足自身的需要，因此，城市可以看作是水和食物的接收系统（Yang et al，2016）。

中德两国生态系统服务供给的相关性

　　在当下，如何满足人类对水资源的需求是一个严峻的挑战。研究显示，目前有 1.5 亿城市居民遭受常年水资源匮乏的困扰。由于世界范围内正在进行的城市化和气候变化，这个数字可能会增长到 10 亿（McDonald et al，2011）。尽管在德国，水供应基本可以得到保障，气候变化对此的影响也在日益加重。频繁出现的干旱夏季导致城市内部结构性缺水，危及当地的水供应——在水质层面上也是如此。由于地表高温，饮用水管线和输送网络的温度也会随之上升。高温增加了饮用水二次污染的风险，并降低了水质。城市绿色基础设施和恰当的管理有助于保证淡水供应。德国环保部门建议用树荫遮蔽地表，以此降低输水管线的温度。此外，城市森林可以改善饮用水的质量。利用生态系统服务的方法，我们可以估测不同树种净化水源的潜在能力（TEEB，2011）。

　　在中国，提高安全饮用水的可达性有着重要意义。北京的人均可再生水资源利用率是世界上最低的城市之一。此外，在 1965—2014 年间，流入北京的自然径流减少了 91%（Yang et al，2016）。通过技术手段，可以将城市缺少的生态系统服务调配过来。例如中国正在进行的南水北调工程旨在将长江流域的水资源从南方调到北方，用于城市工业和居民生活（Dong and Wang，2011）。但是，水资源动态的远程联系也会带来负面的环境影响（如河岸和水生生态系统的恶化）和社会经济影响（如修复生态系统、安置居民的成本）（Yang et al，2016）。这些例子显示，由于人类活动对生态系统的影响，关键生态系统服务（如水供应）显得非常脆弱。因此，经济发展必须和环境保护同步进行，以确保人类的幸福和城市发展的可持续性。

为了实现城市的可持续发展，必须提高城市在食物方面的自给自足程度，这一点有着巨大的社会、经济和生态效益。通过城市农业和城市园林等手段，有利于城市获得更健康的食物；通过当地生产可以降低对环境的影响，促进当地的经济和社会发展（Grewal and Grewal，2012）。但是如莱比锡（Artmann，2013）和南京的示例展示的那样，城市扩张导致了宝贵的土壤和耕地的不断损失（Zhang et al，2007）。

通过保护、开发和（再）振兴城市绿地（如种植可食用型植物），城市食物供给也可得到补充。据估计，地处温带的城市可以满足自身 30% 的水果和蔬菜需求（Whitfield，2009）。城市的食物供应主要是由农业生态系统提供的，但是，森林、屋顶花园、社区花园以及海洋和淡水系统对于人类食物供应也大有裨益（Grewal and Grewal，2012；TEEB，2011）。受限于城市空间，需要开垦更多的空间进行食物生产，如屋顶或者公共空间。例如在德国，仍有大约 30 万 m^2 可以改造成食物生产的屋顶没有被利用起来（Rauterberg，2013）。"可食用型城市"致力于开发公共绿地用于当地食物生产，这一概念得到了全世界城市规划者们的日益关注。德国的安德纳赫市是第一个将这一概念付诸实践的城市。该市的实践表明，公共空间带来的食物供应增加和其他的生态系统服务以及社会 - 经济效益具有协同增效的效果，如绿地休闲价值的提升、材料资源区域性循环利用的改善、支持参与城市规划和绿地维护成本的降低。为了确保中国食物供应安全，特别需要限制由于城市化和工业化而导致的耕地损失和退化。有人提出，"在今后的几十年，加速的城市化和工业化会导致耕地面积的减少，直至中国无法养活其庞大的人口。"（Chen，2007）生态系统服务价值评估可以揭露由于生态系统维持服务的潜力退化导致的资源匮乏。

城市生态系统供给服务评估

与生态系统的文化和调节服务相比，供给服务更容易量化，尤其是以货币的方式进行量化，因为食物或者原材料都有市场价格。我们可以通过市场调查和筛选参考价格对供给服务进行货币评估（TEEB，2011）。在中国温州市附近的三垟湿地公园，对材料生产和水源供应进行了一次货币化评估。由当地水务公司提供的水价对三垟湿地的水供应服务进行量化评估，同时水供应还取决于水源质量。对材料供给的评估主要基于农业生产，农业产品的市场价减去单位生产成本，就可以对其进行评估。结果显示，三垟湿地公园的潜在价值是 5.5332 万元 /（$hm^2 \cdot a$）。但是，现值的计算只有 5807 元 /（$hm^2 \cdot a$）。因此，为了充分发掘该湿地公园的潜在价值，需要对其 89.5% 的生态系统服务进行修复，例如水体富营养化和重金属沉积等问题（Tong et al，2007）。

除了货币化评估之外，生态系统供给服务也可以通过非货币化手段进行评价。例如，克罗尔等（Kroll et al，2012）评估了 1990—2007 年间德国莱比锡 – 哈勒地区水和食物的供需比。该评估基于土地覆盖模式，采用了不同的指标参数：地下水补充、植被对地下水消耗以及不同社会部门（如工业、居民、农业）的用水消耗。通过这些指标，可以计算水供应的具体情况。通过不同土地利用类型（如耕地、森林、水体）的单位粮食生产对食物供给进行量化；食物需求则通过德国市级层面上的人均食物消耗进行衡量。结果显示城市化对水和食物供给都带来了严重的影响。首先，由于城市居民生活、工业、商业和交通用水量的不断增加，水资源短缺的现象愈发严重。为了缓解这种现象，应该减少居民生活、工业和商业领域的用水需求；

其次，城市化也影响了食物供给。由于城市地区的扩张和生物燃料作物的种植面积增加，可耕种的肥沃土地不断减少，进而导致粮食产量的减少。但也有人认为，我们可以通过提高生产率和土地使用强度来抵消可耕种土地的损失，从而根据居民的需求确保充足的粮食供给（Kroll et al，2012）。

3.6 城市生物多样性和生态系统服务的经济效益

亨利·维斯特曼、丹尼斯·卡利什（Dennis Kalisch）

前面的几个小节都聚焦在城市生物多样性和生态系统所能提供的各种益处上，而本节将通过展示中德两国进行的相关估值研究，来探讨这些多重效益带来的经济价值。在过去的10年间，中德两国均发表了大量的个案研究，这些研究都把关注点放在城市生物多样性和生态系统服务的经济价值上。尽管有一些局限性，但在某些政策影响并导致的生态系统服务供给和生物多样性发生改变的情况下，仍有两个显著优点：第一，依靠应用评价方法可以对诸多的生态系统服务进行评估；第二，因为经济效益和成本都是以相同的单位进行表述的，利用货币化评价方法可以将生态系统服务的经济效益与其成本进行比较，为未来的政策干预提供参考。此外，分析生态系统服务的经济效益可以让政策制定者在制定政策时充分考虑利用自然资源的总成本，支持不同规划方案的决策过程。

生物多样性和生态系统服务的经济效益的基本概念是"总经济价值"，包含利用价值和非利用价值。我们可以采用各种经济方法来涵盖这些利用价值和非利用价值，具体而言这些方法可以分为两类：显示性偏好法（Revealed Preference Methods，RPM）和叙述性偏好法（Stated Preference Methods，SPM）。显示性偏好法试图通过观察个人在相关市场上的具体行为推断出某一非市场财货的价值，例如特征价格法（Hedonic Price Method，HPM）和旅行成本法（Travel Cost Method，TCM）（Alriksson and Öberg，2008）。在房价问题上，特征价格法的整体假设是这些价格受到多种变量的影响（Melichar et al，2009）。贝特曼（Bateman，1993）的研究显示特征价格法依赖于几个假设：第一，个人能够认识到环境质量的改变，并且愿意为这些环境质量的改变付费。第二，整个研究领域被看作是一个竞争市场，有着充足完善的房价和环境特征等方面的信息。第三，房地产市场处于一个平衡的状态。特征价格法也具有一些局限性，如信息不对等、个体认知、主观性、连贯性、规避行为、市场分割和假定的市场平衡（Vanslembrouck et al，2005）。但是，如果上述的关于特征价格法的假设被充分考虑进来的话，这种方法可以揭示关于环境属性值的重要信息（Bateman，1993）。

叙述性偏好法通过直接询问受访者，了解其对某一环境商品的假设性转换的偏好（Bateman et al，2002）。条件评估法（the Contingent Valuation Method）和离散选择试验（the Discrete Choice Experiments）均属于叙述性偏好法。标准条件评估法已经在景观评估领域中被广泛应用很多年了（Santos，1998）。

将环境设施货币化的另一个方法是基于成本的评估方法。基于成本的方法是指通过人工手段进行生态系统服务供给的相关成本计算，包括避免成本法、重置成本法、缓解成本法和修复成本法（TEEB，2010）。一般来讲，基于成本的方法常被用于调控服务的评估，例如气候缓解效益和水与空气净化效益等。但是，基于成本的方法局限性主要在于缺少生态系统服务的市场，而且对于被评估的生态系统服务与可推向市场进行销售的商品之间的因果联系理解不够（Spash，2000）。

另一个常被用于城市绿地经济价值评估的方法是边际替代率（the Marginal Rate of Substitution，MRS）。该方法是建立在一种假设基础之上的，即生活满意度数据是一种近似于卡内曼和祖德根（Kahnemann and Sudgen，2005）所定义的"经验效用"的概念。这种估测关系可以被用来导出收入和环境设施之间隐含的边际替代率（Bertram and Rehdanz，2015a）。用以环境设施评估的生活满意度数据还可以应用在城市绿地（Krekel et al，2016）、噪声（van Praag and Baarsma，2005）和空气污染等方面的评估上（Welsch，2006）。

中德两国关于城市生态系统和生物多样性的评估研究大多采用特征价格法（Kolbe and Wüstemann，2014）、生活满意度法（Krekel et al，2016；Bertram and Rehdanz，2015a）、条件评估法（Jim and Chen，2006）、离散选择试验（Bertram et al，2017）以及基于成本的气候调控和缓解方法（Aevermann and Schmude，2015）来对城市绿色的价值进行评估。在下面的章节中，会对中德两国生态系统服务评估研究的结果进行详细的陈述，并简单概述当前研究方向。

气候调控效益：城市公园可以通过降低"城市热岛效应"来调控城市微气候（见 3.3）。城市地区更高的地面温度对城市居民的死亡率有着直接的影响。有研究（Tan et al，2010）揭示了上海及其周边地区夏季死亡率与其城市化水平之间的关系。城市中心的热死亡率显著高于城郊地区（如 1998 年的热浪期间，城市地区的额外死亡率约为 0.273‰，而同期郊区的额外死亡率仅为 0.07‰）。城市绿色的调控服务也可以通过节约下来的冷却能源成本进行评估。例如，学者分析了北京城市森林减少高温胁迫的潜力以及对微气候的调控功能。假定每年需要冷却降温的天数为 100 天，其调控服务的年价值为 9350 万元（Leng et al，2004）。

城市森林的气候缓解效益：城市植被及其潜在的生态系统服务有助于通过碳封存和碳储存来平衡温室气体。在德国，对城市树木具有缓解气候变化潜力的评估研究很少，因为大部分研究都集中在国家森林的碳储量方面（Dieter and Elsasser，2002）。埃弗曼和施穆德（Aevermann and Schmude，2015）对慕尼黑的一个城市公园的碳封存和碳储存的经济价值进行了量化研究。根据他们的研究，每年该公园的生态系统服务的经济价值约为 1.5 万欧元（碳封存）和 60 多万欧元（碳储存）。在中国，城市森林评估是一个新兴且发展迅速的环境研究领域（Jim and Chen，2009）。中国城市的绿色基础设施在缓解气候变化方面起着重要的作用，35 座城市中的绿色基础设施所储存的碳总量约为 1870 万 t，平均碳密度为 $21.34 t/hm^2$（Chen，2015）。生态系统和生物多样性气候保护效益的经济价值评估研究还涵盖了其他的减排、损失成本以及碳排放交易体系确定的市场价格。

生活满意度和居民幸福度：城市绿地有助于提高居民的幸福和健康（见 **3.1**）。"生活满意度"常被用来作为衡量指标，受测者会被问及"整体而言，你对生活的满意程度如何？"这样的问题，其数据可以通过一个 11 点李克特量表获得（Krekel et al，2016）。基于生活满意度数据，我们可以使用边际替代率来评估城市绿地的经济价值。在德国有两个研究（Bertram and Rehdanz，2015a；Krekel et al，2016）都是利用了边际替代率对城市绿地进行经济价值评估。贝尔特兰和雷丹茨（2015a）的研究基于平均绿地可得率和平均收入，估测出隐含的边际替代率为 26.82 欧元 /人 / 公顷 / 月。利用边际替代率进行绿地经济价值评估的全国性研究是由克雷克尔（Krekel）等人于 2016 年完成的。该研究发现，平均而言，居民们愿意从他们的月净收入中拿出 23 欧元来提高住所周围 1km 以内的绿地总量。该研究进一步发现，在德国，一个平均规模的主要城市，新增一个 3014hm^2 的城市公园所带来的聚合效益可达 93.4 万欧元 /a，是该公园建造和潜在维护成本的 5 倍。

城市绿地和房地产价格：有关城市绿地对房地产价格影响的资本化研究是试图评价一系列与城市生物多样性和生态系统相关的生态系统服务，而不是单一的生态系统服务。国际上已经有大量的研究文献使用了特征价格法，但中国和德国这方面的研究还较少（框 3.4）。但是，中德两国现有的研究提供了一个有趣的视角，让我们可以了解人们对城市生物多样性和生态系统服务以及它们的经济效益的社会偏好。中国最近的一个研究探讨了关键环境因素对住宅价值的影响。该研究对广州的 652 户住宅单元进行了调查，涉及的环境因素包括窗户朝向、绿地视野、层高、与绿化区和水体的接近程度和交通噪声的影响等（Jim and Chen，2006）。其中的主要发现之一，是绿地视野和接近水体对于房屋价格有着积极的影响，影响幅度分别为 7.1% 和 13.2%。这项研究表明，随着私有产权住宅市场的日益扩大，特征价格法可以应用于中国社会，让政策和规划制定者们认识到城市

框 3.4 北京住宅房地产的增长

　　研究者调查了北京 76 个住宅平均价格和 14 个公园之间的关系，并通过城市绿地的存量数据（2009 年）和 GIS 技术测量了 1.807 万 hm² 的公共绿地对住宅价值的总体效益（Zhang et al，2012b）。结果显示距离公园 850～1604m 的住宅在销售价格上的增幅从 0.5% 到 14.1% 不等。北京公共绿地给住宅带来的整体效益达到了 28.6 亿元人民币，而且每公顷公共绿地的平均效益是 16 万元，相当于北京绿地维护成本的 1.8～3.9 倍。

　　公共绿地给住宅带来的经济效益因地区不同也会有所差异。从地域的角度看，朝阳区、海淀区、西城区、东城区和丰台区公共绿地的经济效益几乎占到了住宅价值增长的 94%。特别是朝阳区的公共绿地，其住宅价值增长效益实现了 9.28 亿元，紧随其后的是海淀区 6.03 亿元、西城区 5.07 亿元、东城区 4 亿元和丰台区 2.61 亿元。昌平和石景山的住宅增值分别为 7200 万元和 6800 万元，其他县区的绿地经济效益仅占总效益的 2%。然而，单位绿地面积的增值量排序并不相同。西城区的单位绿地面积增值量最高，其次是东城区。接下来单位绿地面积增值量排序依次为海淀区、朝阳区和丰台区。剩余的公共绿地对住宅经济价值的影响有限。

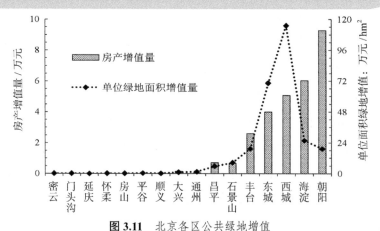

图 3.11 北京各区公共绿地增值
（图片来源：在 Zhang 等，2012b 基础上修改）

自然保护与生态绿地网络设计的价值及意义。

　　最近，城市绿地对房地产价格影响的资本化在德国柏林和科隆已经得到了证实（Kolbe and Wüstemann，2014；Wüstemann and Kolbe，2017a）。

事实上，在柏林，房地产周围 500m 范围内绿地覆盖率每增加 1%，房屋价格平均增幅为 1428 欧元（0.46%），与城市绿地的距离每缩短 100m，房屋均价会增加 1459 欧元（0.47%）。可以看到，城市绿地对房产价格有着深刻影响，不过大多数结构变量（如住宅面积、房间数量）的影响更高。在科隆市新建一个 3014hm² 的城市公园会使房地产业直接从中获益约 125 万欧元，这些经济效益远超其建造和潜在的维护成本。

居民对绿地的认知和态度：中德两国的一些评价研究为城市绿地的社会偏好提供了参考数据（Jim and Chen，2006；Chen and Jim，2011；Jim and Shan，2013；Bertram and Rehdanz，2015b）。在广州进行的一次关于居民对城市绿地的认知和态度的现场调查发现，缓解压力、提升健康、促进儿童身心发展和社会交往（相对程度较弱）是城市绿地的主要益处。社会经济变量（诸如性别、年龄、婚姻状况、教育背景、职业和居住区）对居民的绿地认知有着重要的影响（Jim and Shan，2013）。在可持续性的城市规划过程中，居民对于城市绿地的积极态度及对城市绿地带来的经济效益的认可有助于城市绿地的保护和服务供给。

在德国，贝尔特兰和雷丹茨（2015b）进行了一项研究，考察了德国城市公园的休闲价值，并确定了居民对城市绿地的社会偏好和态度。该研究发现，在工作日期间，受访者更喜欢带有运动设施并且离他们住所较近的城市公园，而公园的大小并不那么重要；但在周末，带有野餐设施且更大的城市公园则得到偏爱，此时距离的远近就不那么重要了。而且，对这些受访者来说，无论工作日还是周末，公园的干净整洁以及维护是最重要的。结果凸显了在调查户外休闲的社会偏好时，需要考虑不同的时间背景和追求多样化的个体行为的重要性。

城市绿地的成本和效益：以货币化方式对城市地区的额外绿地进行生态系统服务评价，会涉及城市绿地供应的相关成本问题。额外绿地的成本主要是建造和维护成本以及基于房地产业效益损失的机会成本。

研究者调查了北京市公共绿地的维护成本，结果发现由于公共绿地周围物业价值增长带来的物业税收增幅为 28.6 亿元 /a，而 1.807 万 hm² 的公共绿地产生的维护费用仅为 7 亿～ 16 亿元（根据北京景观绿化管理条例，Ⅰ类绿地的年维护成本是 9 元 /m²，Ⅱ类和Ⅲ类绿地的维护成本分别为 6 元 /m² 和 4 元 /m²），所以北京市在公共绿地上的投资带来的年收益是12 亿～ 21 亿元（Zhang et al，2012b）。

克雷克尔等（2016）的研究表明柏林市每公顷附加绿地的建造和维护成本平均在 2.3333 万～ 20.4 万欧元 /a，差别在于公园的基础设施和使用密度。但是，该研究同样显示附加绿地带来的居民幸福效应要远超其建造和维护成本（Wüstemann and Kolbe，2017b）。

结论

城市正面临着诸多挑战，其中有气候和人口结构变化产生的影响，也有高度城市化和自然资源枯竭带来的影响。对城市生物多样性和生物系统服务经济效益的研究可以提升公众对城市绿地价值的认识和了解，从而支持中德两国可持续性城市发展。研究结果显示任何土地用途的改变都会对生态系统服务产生影响，这些发现为决策者进行城市规划提供了额外参考信息。同时，对生态系统服务评估研究显示在研究方法和数据库方面，个案研究存在着诸多分歧。导致这一现象的主要原因是：缺少学界广为接受使用的量化评估方法；缺少数据收集和分析方法的标准化。未来的研究应该致力于克服这些局限性并将城市生物多样性的多重价值整合到城市决策过程中去。

3.7 我们的城市究竟能有多绿？ 城市绿化率分析

拉尔夫 – 乌韦·思博 、侯伟

卡斯滕·古内瓦尔德、尤利娅妮·马泰

如前面章节所述，城市绿地具有多重功能，可以为城市生活质量带来各种益处。但是这些绿地和其他日益增长的土地使用需求之间是竞争关系，所以根本的问题就是我们的城市究竟需要多少绿地？应该具有什么样的质量？在规划过程中如何才能确保它们的地位（见 **4**）？

定性建议必须作为城市绿地定量标准的补充，这两者都依赖于规模。因此，必须要具体说明它们所使用的范围是整个城市（如行政管辖界限以内的整个城市绿色系统）还是一个或者多个区（区县层面）亦或单个绿地（点层面）。在每一个层面，定量和定性因素都需要考虑进去。URGE-Team（2004）提出了用于城市和点层面的定量指标。城市和区县层面最重要的城市绿地构成指标可以参见表 3.8，它们可以通过诸如绿色空间的碎片化和连通性等配置措施得到补充。对于点层面而言，也有一些指标如面积、形状、植被比例，但这些都超出了本章的范畴。城市和区县层面适宜的定性标准包括：物种和生境的多样性、保护程度（文化和自然遗产）、城市绿地改善环境质量的能力（如空气质量、土壤和水源以及微气候）；对于点层面来说还有两个额外的标准：可达性、隐私性和个体区域的安全性（URGE-Team，2004）。

这一节主要关注定量指标、临界值和如何在城市层面上获取这些指

城市绿地的描述和评估指标 表 3.8

（基于 Dosch 与 Neubauer，2016 年和 Grunewald 等，2017a 的研究起草）

指标	差异	记录方法	目标值
1. 绿地比例	● 绿地类型（公共可达、与休闲相关） ● 城市的界定 / 城市地区	绿地 / 总面积（%） 方法一：使用地形数据； 方法二：或者使用遥感技术（只有绿地总量可以被记录）	总绿色值示例： 北京：73.2%[a] 汉堡：71.4%[b]
2. 人均绿地	● 绿地类型（公共可达、与休闲相关） ● 城市的界定 / 城市地区	绿地面积（m²）/ 居民人数 方法一：使用地形数据； 方法二：或者使用遥感技术结合人口数据（统计数据）	只限于公共绿地： 最低限度：9m²/ 人 最佳限度：50m²/ 人 （WHO，2010） 德国：15m²/ 人 （DRL，2006）～22m²/ 人 （Schröter，2015）

续表

指标	差异	记录方法	目标值
3. 绿地可达性	● 绿地类型（公共可达、与休闲相关） ● 绿地的最小规模 ● 距住区的最大距离	绿地面积（特定距离内的最小面积，以 m^2 表示）/ 可以利用该绿地的居民人数	德国的公共绿地[c]： $4m^2$/人 >0.2hm^2—250m^* $6m^2$/人 >5hm^2—500m^* $7m^2$/人 >10hm^2—1000m^{**} （+2m^2/工作场所） *：绿地的可达性距离
		可以利用设定距离内特定规模的绿地的居民占比（%）	● 科学建议：100% ● 德国的政治目标：95%[d]
4. 绿地体积	● 城市绿色的高度 ● 城市绿色的体积 ● 树冠覆盖面积	方法一：绿植平均高度（m）； 方法二：树冠比（%）； 方法三：绿地体积指数（m^3/m^2）； 方法四：叶面积指数（m^2/m^2）	参看 Umweltatlas Berlin（2013）； 树冠覆盖面面积均值： 北京：19.1%，上海：13.2%[e]，成都：20.2%[f]
5. 覆土程度	● 仅限交通和建成区域 ● 人行道密度	开发或者铺砌面积 / 总面积	BauNVO（2013）对地块的限制： 小型住宅 30%， 普通住宅 60%， 特殊住宅 80%

注：a 作者自己计算所得；

　　b Berliner Morgenpost（2016）；

　　c GALK（1973）；

　　d Grunewald et al.（2017a）；

　　e Yang and Zhou（2009）；

　　f 见 **4.3.7**。

标。在制定绿地量的全市标准之前，必须要厘清一个问题：如何对绿地数量和状况进行测量？我们在本章列出的主要指标组都可以利用广为获得的数据明确确定，而且与目标值都有关联。我们会对中德两国城市的指标进行比较，具体城市的比较结果可以参见 **4.3**。

城市绿地的指标和目标值

　　德国国家生物多样性战略（BMU，2007）要求，到 2020 年所有住宅区的城市景观都要大力提高植被绿化区的比例，这里的植被绿化区包括私人花园、绿化院落、墙体和屋顶等（可参见 **1.2** 和 **2.2**），并将之定位为战略目标。整体而言，具有多重功能且公共可达的城市绿地应该在步行距离之内（BMUB，2015）。为了实现这个目标，易于表达且可清楚测量的目标值对于城市规划和发展显得至关重要，必须提出并颁布适宜绿地的可达性、质量和维护的准确规范。中国的策略（生态城市、园林城市；见 2.2）也指向同一个方向。在中国规划法规中，绿地标准有正式要求，但实施起来很有难度（Wolch et al，2014）。

绿地比例指标是指整个城市、区或者具体某一点植被区所占的比例。如果参考区域内存在广阔的农村地区或者较大面积的森林，指标值可能会具有误导性，因为森林和田野在一个人口密集的城市会被误认为是大面积的绿地。而且，指标值对于计算涵盖的绿地类型（纯公共或者纯私人绿地、纯休闲或者农业耕地和废弃地）极为敏感。方法二也被应用于下一组指标。

人均绿地可以让我们更好地了解居民对绿色基础设施可能的需求。世界卫生组织要求人均绿地面积至少要达到 $9m^2$/人，理想的指标值是 $50m^2$/人（WHO，2010）。施密特等（Schmidt et al，2014）对于方法论框架和质量要求提出了建议，这也是世界卫生组织"健康城市规划"项目的一部分。该项目已经在德累斯顿市开展实施了，在下文中会作为示例提及。在所谓的公共绿地（所有类型的公园和城市森林）基本要求和特定社会群体如儿童、老年人的特殊要求（操场、花园、墓地等）的基础上，对绿地的需求是有区别的。

绿地可达性考量的不仅仅是有没有可用绿地的问题，还包括如何到达这些绿地的问题。它可以被细化为直线距离或者实际的路径长度。这些指标在城市边界以内更为可靠，因为距离再远的话，无论绿地是否属于城市管辖，都不在考虑范围之内了。因此，这个指标不会受到城区内村庄的整合以及其他类型变化的影响。

绿量和树冠覆盖面把第三维度纳入了考量的范围。对于绿地功能的发挥而言，不仅面积的延伸和当地的情况至关重要，生物量、植物的高度和层次以及叶片面积也非常重要。这些要素的生物物理性能都可以进行测量（如和微气候调控效益相关）。

作为对上述指标的补充值，覆土程度、城市的建筑和人口密度对于一个城市的物质交换（资源输入和废弃物输出）和环境状况起着重要的作用（Deilmann et al，2017）。国际上对于最佳人口密度的标准值上、下限及其理由仍然意见不统一。最佳人口密度需要考虑城市扩张、可持续土地利用和密集化等因素（Jaeger et al，2010）。常被提及的人口密度值从柏林的3890人/km^2到上海的4329人/km^2不等，这些值并不能反映实际供应的绿地总量。

德国的目标值在100年前就已经设定好了，并通过园林署主任会议进行更新（GALK，1973）。例如，德国要求人均公共绿地需要达到20m^2/人，这个总值包括小型公园6m^2/人（最大步行距离为500m，面积最少0.5hm^2）和较大公园7m^2/人（最大步行距离为1000m，面积超过10hm^2）。其他GALK标准值包括墓地（5m^2/人）、小公共花园（10～12m^2/人）、运动场地（3.5m^2/人）和露天游泳池（1m^2/人）。在德国，39%的城市目前使用这些基准值测量绿地（Kühnau et al，2016）。《德国土地使用条例》（BauNVO，2013）对于个体地块的建筑密度设定了限制，限制值取决于土地使用计划的等级，例如普通住宅地块应该遵守地块占用指数（40%），最多不能超过上限（60%），这也适用于覆土程度（表3.8）。

在中国，目标值主要存在于城市层面，但是仅一部分是强制性的。例如贵阳市2008年明确规定森林覆盖率为45%、人均绿地面积固定标准大于10m^2，而其他城市人均绿地面积固定标准如天津大于12m^2、曹妃甸大于20m^2；绿地占比曹妃甸为35%。大多数城市的规划会根据地方的具体情况设定目标值和标准值（Zhou et al，2012）。以徐州为例，绿地的构成就有准确的设定值（41%的草地和44%的林地），致力实现人均绿地面积13.6m^2/人（这一目标已经实现）。徐州的绿色基础设施规划的目标是依托新项目提供4279hm^2的公园和类似绿地、27hm^2的生产型绿地及3821hm^2的远程绿地。由于该地区煤炭开采的终止，这些新项目正在被广泛开展。

中德两国城市绿地的价值

古内瓦尔德等（Grunewald et al，2017a）计算了德国所有主要城市与绿地总量和可达性相关的居民人均绿地供给（见 **3.4**）。表 3.9 将所选城市的计算结果进行了概括，并和中德两国的其他值进行了比较。相较而言，城市规模越大，在保障绿地供给和可达性方面存在的问题就越多。比较的结果显示，一般来说，规模越大的城市人口更多，相应发展所需的开放空间压力越大；与其相比，人口较少的城市可以提供更多的绿地。但是，在

中德两国所选主要城市绿地的供给与可达性　　　　　表 3.9

城市	人口 （百万）/ 面积 （km²）	绿地比例 （%） 休闲 / 总计	人均绿地 （m²/ 人） 休闲 / 总计	绿地 可达性 /%	覆土 比例 /%
南京	5.0[a]/968[b]	8/38[c]	4.27/24.25[c]	35[c]	52[c]
苏州	2.0[a]/794[b]	6/46[c]	4.76/50.24[c]	17[c]	51[c]
徐州	1.04[a]/217[b]	11/33[c]	6.64/25.86[c]	30[c]	62[c]
北京	11.3[a]/109[b]	11/37[c]	3.59/14.75[c]	33[c]	63[c]
石家庄	2.2[a]/258[b]	1/17[c]	1.02/11.15[c]	9[c]	74[c]
天津	4.2[a]/337[b]	2/30[c]	1.25/18.13[c]	31[c]	68[c]
柏林	3.5/892[d]	32[f]/59[e]	88[f]/150[d]	61[f]	39[c]
汉堡	1.8/755[d]	36[f]/71[e]	159[f]/310[d]	70[f]	36[g]
慕尼黑	1.4/311[d]	20[f]/49[e]	46[f]/110[d]	63[f]	47[g]
科隆	1.0/405[d]	32[f]/58[e]	127[f]/230[d]	74[f]	34[g]
莱比锡	0.5/297[d]	21[f]/42[e]	125[f]/230[d]	61[f]	29[g]
德累斯顿	0.5/328[d]	39[f]/69[e]	251[f]/420[d]	60[f]	29[g]
波恩	0.3/141[d]	25[f]/72[e]	107[f]/320[d]	76[f]	30[g]

数据来源：a 人口数据来自 2015 年城市统计年鉴；
　　　　　b 市中心城区面积，而不是城市行政区面积；
　　　　　c 作者根据中心城区面积计算而得；
　　　　　d 见表 2.7；
　　　　　e Berliner Morgenpost（2016）；
　　　　　f 作者自己计算所得，计算方法参见 Grunewald et al，2017a；
　　　　　g http://www.ioer-monitor.de/en/home/（2012，for Leipzig：2009）。

指标值和市区规模之间并不存在统计学上的显著差异，指标值和人口规模之间也是如此（Grunewald et al，2017a）。

在对上海的研究中发现，许多市民根本无法利用城市公园，整个城区都没有正式的绿地（Yin and Xu，2009）。

德国柏林日报（Berliner Morgenpost，2016）利用卫星数据（德国城市的总数据可参看表3.9）将城市绿地占比进行了绘制，作为计算指标。由于遥感分析技术整体而言尚不够准确，这些计算数值不如陆地确定的数据精确，它们把空中识别出的每一块绿地都计算在内，但并不考虑其可达性、质量或者规模。这些值可以归属到"绿地比例指标"这一指标栏中，采用的记录方法为方法二，基本上和表3.8的第一行相近。诚然，评级系统倾向于给部分或完全主观的事物打上一个数字等级。绿地覆盖率当然可以通过很多种方法计算，但这也就导致计算结果或等级的不一致（Fuller and Gaston，2009）。城市评级可能存在一定的问题，但它们可以让我们了解什么是真正重要的，从这个角度看它们还是非常有用的。

卡比施等（Kabisch et al，2016）的研究显示，在欧洲城市中，生活在距绿地或森林（面积不小于 $2hm^2$）直线距离 500m 范围以内的居民占比从 11% ~ 98% 不等。就柏林而言，30% 的人口居住在距绿地 300m 范围内，68% 的人口居住在 500m 范围内。该研究还发现，根据官方数据，只有 58.7% 的柏林居民住所 300m 范围内有可达的绿地。这个数值要比我们在表 3.9 中列出的柏林数值略低。指标值偏高的原因可能是对休闲绿地的界定更加宽泛（我们把水域面积、草场 - 果园、墓地都考虑了进来）以及将城市辖区之外的绿地也纳入了考量的范围。

在法国的南特市，100% 的居民都生活在距绿地 300m 的距离范围内，因此它也赢得了 2013 年"欧洲绿色之都"的称号。欧洲环境署（EEA）的环境评估报告显示，在绿地供给方面，即使是欧洲城市之间也存在着显著差异。在布鲁塞尔、哥本哈根和巴黎这类城市，所有的居民都生活在距公共绿地 15 分钟步行距离范围内，而在威尼斯和基辅，相应的数值分别是总人口的 63% 和 47%（Stanners and Bourdeau，1995）。

　　绿地供给常常被表述为居民人均面积，但这并不完备（住区的不同部分存在着很大的差异，而且会受到住区外围环境的影响）。绿地面积与距离相结合的方式使得对绿地可达性进行较为简单的建模成为可能，这是一种可以广泛应用的有效方法。这种方法可以指出存在的不足和未来发展的趋势，可以在城市间进行对比和比较。如果研究方法相近，还可以进行国际间的比较。但是这种全国范围的计算处理只能提供概况，其细化程度还不够。因此，对于那些可以获得更高分辨率数据的城市而言，它们可以进行更复杂的分析，通过各个具体地点的质量要求巩固城市绿地规划的量化值。

　　通过一种基于 GIS 的计算城区特定指标值的方法，可以确定每一个城市的空间需求，在特定规划层面上为市政当局提供一个绿地维护和改善的框架（Lehmann et al，2014；Schmidt et al，2014；Grunewald et al，2017b）。

　　以北京为例，绿地比例从市中心的 5.1% 到山区地带的 100% 不等，存在着显著的差异。但是远离市区的绿地完全不能满足城区居民的各种需求。徐州在靠近城市的地方营造了绿地，为市民们在工作之余或周末的休闲提供了良好机会，同时也减少了高昂的交通成本和碳排放。相比之下，德国的柏林和德累斯顿也在紧邻市中心人口密度大的地方建造了绿地，但两个城市的差异很大，可参看不同比例尺的两幅图（图 3.12）[1]。

　　基于距离的绿地供给指标更容易解读，但却更难评估，因为它需要精细的人口数据才能完成。因此，我们在图片的右边添加了覆土程度指标。开发和铺砌区域的比例与绿地比例呈相反关系。水无法从不透水区域渗滤，因此该区域丧失了有活力的自然土壤，进而不适合进行户外休闲活动，其生物多样性潜力极低。这些地图把所有最密集的建成区域（不仅仅只是位于市中心的）清楚地显示了出来。这些区域需要市政采取措施提供更多各种类型的绿地，例如屋顶绿化和绿色墙面（见 **4.2**、**4.3**）。

---

[1] 参看 GRUNEWALD K et al. Towards green cities：urban biodiversity and ecosystem services in China and Germany[M]. Springer，2018：92.

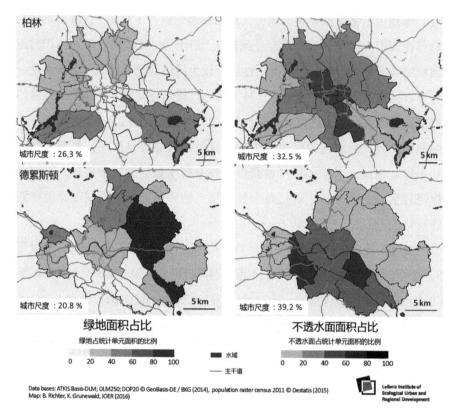

图 3.12 柏林和德累斯顿：区级层面的绿地占比（左），覆土程度（右）© B. Richter；卡斯滕·古内瓦尔德

结论

标准值和目标值的比较结果显示：

— 所有受调查的城市都超过了人均 9m²（WHO）或 20m²（GALK，1973）的目标值。

— 对比之下，让 95% 的居民可以在步行距离内接触到绿地的目标（给德国提出的建议；Grunewald et al，2017a）没有得到实现。

通过综合方法计算得出的德国城市的指标值仍在不断更新，但是近期的发展趋势（略微下降）尚不明确。利用所选城市（德累斯顿、上海、广州）的示例进行的系统趋势分析表明，在过去的 5 年中建造更多绿地的工作是成功的，因为城市公园和森林占比不断上升（见 **4.3**），当然这是从耕地和棕地中置换的。

但是，中国和德国最大城市人口的增长会对未来绿地供给产生威胁。因此，为了监控这些变化，提高政策制定者和大众的意识并确定正确的发展策略，有必要确定定性和定量的目标值。这也是为了调控绿地保护和发展的一个明确的行动呼吁。

不幸的是，由于缺少可比较的数据，我们无法评估两国绿地质量的关键参数。这种评估信息非常重要，可以为市政实施在细节上提供参考值。目前能够得到的只有早期在区级层面上将城市结构类型与定性和定量绿地供应结合起来的提议（Schmidt et al，2014）。URGE-Team（2004）提供了一套完整定量和定性标准的跨学科目录，并附带详细的指标说明和操作指南。

在此背景下，从城市绿地可达性和供给的相关指标中可以获取用来评估生态系统服务"城市中的休闲"的经验数据和"城市中的绿色"行动目标。它们代表着追求更持续的城市发展基础，绿色基础设施是健康的重要因素并在城市生活质量中有着重要地位。

参考文献

Abkar M，Kamal M，Mariapan M，Maulan S，Sheybani M（2010）The Role of Urban Green Spaces in Mood Change. Australian Journal of Basic and Applied Sciences 4（10）：5352–5361.

Aevermann T，Schmude J（2015）Quantification and monetary valuation or urban ecosystem services in Munich，Germany. Zeitschrift für Wirtschaftsgeographie 59（3）：188–200.

Akbari H，Pomerantz M，Taha H（2001）Cool surfaces and shade trees to reduce energy use and improve air quality in urban areas. Solar Energy 70（3）：295–310.

Alcock I，White MP，Wheeler BW，Fleming LE，Depledge MH（2014）Longitudinal Effects on Mental Health of Moving to Greener and Less Greener Urban Are-as. Environmental Science and Technology 48（2）：1247–1255.

Alriksson S，Öberg T（2008）Conjoint analysis for environmental evaluation：A review of methods and applications. Env Sci Pollut Res 15：244–257.

Andersson E，Tengö M，McPhearson T，Kremer P（2015）Cultural ecosystem services as a gateway for improving urban sustainability. Ecosystem Services 12：165–168.

Annerstedt M，Ostergren PO，Björk J，Grahn P，Skärbäck E，Währborg G（2012）Green Qualities in the Neighbourhood and Mental Health：Results From a Longitudinal Cohort Study in Southern Sweden. BMC Public Health 12：337.

Arnfield AJ（2003）Two decades of urban climate research：a review of turbu-lence, exchanges of energy and water，and the urban heat island. International Journal of Climatology 23：1–26.

Artmann M（2013）Spatial dimensions of soil sealing management in growing and shrinking cities – a systemic multi-scale analysis in Germany. Erdkunde 67（3）：249–264.

Barbosa O（2007）Who benefits from access to green space? A case study from Sheffield，UK. Landscape and Urban Planning 83：187–195.

Baró F，Chaparro L，Gomez-Baggethun E，Langemeyer J，Nowak，DJ，Terradas J（2014）Contribution of ecosystem services to air quality and climate change mitigation policies：the case of urban forests in Barcelona，Spain. Ambio 43：466–479.

Barradas V（1991）Air temperature and humidity and human comfort index of some city parks of Mexico City. International Journal of Biometeorology 35：24–28.

Bastian O，Schreiber KF（eds）（1994）Analyse und ökologische Bewertung der Landschaft. G. Fischer-Verlag，Jena，Stuttgart，502 S；2.，erheblich veränderte Aufl 1999：Spektrum Akadem. Verlag，Heidelberg，Berlin，564 S.

Bastian O，Steinhardt U（eds）（2002）Development and perspectives in landscape ecology. Kluwer Acad. Publ.，Dordrecht（NL），527 S.

Bateman I（1993）Evaluation of the environment：A survey of revealed prefer-ence techniques，Tech. rept. GEC.

Bateman IJ，Carson RT，Day BH，Hanemann WM，Hanley N，Hett T et al（2002）Economic valuation with stated preferences techniques：A manual. Edward Elgar，Cheltenham，United Kingdom.

BauNVO – Verordnung über die bauliche Nutzung der Grundstücke（2013）Baunutzungsverordnung in der Fassung der Bekanntmachung vom 23. Januar 1990

（BGBl. I S. 132），die zuletzt durch Artikel 2 des Gesetzes vom 11. Juni 2013（BGBl. I S. 1548）geändert worden ist.

Berliner Morgenpost（2016）Das sind Deutschlands grünste Städte. Viele Städte behaupten von sich，besonders viele Grünflächen zu bieten. Die Berliner Morgenpost hat Satellitenbilder ausgewertet und zeigt erstmals，wie grün Deutsch-land wirklich ist. http：//interaktiv.morgenpost.de/gruenste-staedte-deutschlands/ Accessed 14 Sept 2016.

Bertram C，Rehdanz K（2015a）The role of urban green space for human well-being. Ecological Economics 120：139–152.

Bertram C，Rehdanz K（2015b）Preferences for cultural urban ecosystem services：Comparing attitudes，perception，and use. Ecosystem Services 12：187–199.

Bertram C，Meyerhoff J，Rehdanz K，Wüstemann H（2017）Differences in the recreational value of urban parks between weekdays and weekends：a discrete choice analysis. Landscape and Urban Planning159：5–14.

BfN – Bundesamt für Naturschutz（2009）Biological Diversity and Cities A Re-view and Bibliography. In：Werner P，Zahner R（eds）BfN-Skripten 245.

Birmili W，Hoffmann T（2006）Particulate and dust pollution，inorganic and or-ganic compounds. In：Encyclopedia of Environmental Pollutans，Elsevier Ltd.

Blume H-P，Sukopp H（1976）Ökologische Bedeutung anthropogener Bodenver-änderungen. Schr.-R. f. Vegetationskunde 10：75–89.

BMU – Bundesministerium für Umwelt，Naturschutz und Reaktorsicherheit（Hrsg）（2007）Nationale Strategie zur biologischen Vielfalt. Bonn. 178 S.

BMUB – Bundesministerium für Umwelt，Naturschutz，Bau und Reaktorsicher-heit（2015）Grün in der Stadt – Für eine lebenswerte Zukunft. Grünbuch Stadt-grün（Green Book "Green in the City"）.German Environment and Building Ministry，Berlin. http：//www.bmub.bund.de/service/publikationen/downloads/details/artikel/gruen-in-der-stadt-fuer-eine-lebenswerte-zukunft/?tx_ttnews[backPid]=289. Ac-cessed 27 June 2015.

Bolund P，Hunhammar S（1999）Ecosystem services in urban areas. Ecological Economics 29（2）：293–301.

Bowler DE，Buyung-Ali L，Knight TM，and Pullin AS（2010a）Urban greening to cool towns and cities：A systematic review of the empirical evidence. Land-scape and Urban Planning 97：147–155.

Bowler DE，Lisette MB-A，Knight TM，Pullin AS（2010b）A Systematic Review of

Evidence for the Added Benefits to Health of Exposure to Natural Environ-ments. BMC Public Health 10：456.

Breuste J，Qureshi S，Li J（2013a）Scaling down the ecosystem services at local level for urban parks of three megacities. Hercynia，N. F. 46：1–20.

Breuste，J，Schnellinger J，Qureshi S，Faggi A（2013b）Urban Ecosystem services on the local level：Urban green spaces as providers. Ekologia 32（3）：290–304.

Bruse M，Fleer H（1998）Simulating surface-plant-air interactions inside urban en-vironments with a three dimensional numerical model.Environmental Model-ling & Software 13：373–384.

Bullinger M，Alonso J，Apolone G et al.（1998）Translating health status question-naires and evaluating their quality：the IQOLA project approach. Clin Epide-miol 51：913–923.

Bundesregierung（2008）Deutsche Anpassungsstrategie an den Klimawandel（DAS）. Berlin：78 S.

Burkart K，Canário P，Scherber K，Breitner S，Schneider A，Alcoforado MJ，End-licher W（2013）Interactive short-term effects of equivalent temperature and air pollution on human mortality in Berlin and Lisbon，Environmental Pollu-tion 183：54–63.

Calfapietra C，Morani A，Sgrigna G et al（2016）Removal of ozone by urban and peri‐urban forests：evidence from laboratory，field，and modeling approaches. Journal of Environmental Quality 45：224–233.

柴一新，祝宁，韩焕金（2002）城市绿化树种的滞尘效应：以哈尔滨市为例 [J]. 应用生态学报（09）：1121-1126.

Chai YX，Zhu N，Han HJ（2002）Dust removal of urban tree species in Harbin. Chinese Journal of Applied Ecology 13（9）：1121–1126.

Chang C-R，Li M-H，Chang S-D（2007）A preliminary study on the local cool-island intensity of Taipei city parks. Landscape and Urban Planning 80：386–395.

Chen J（2007）Rapid urbanization in China：A real challenge to soil protection and food security. Catena 69：1–15.

Chen WY（2015）The role of urban green infrastructure in offsetting carbon emis-sions in 35 major Chinese cities：A nationwide estimate. Cities 44：112–120.

陈玮，何兴元，张粤，孙雨，王文菲，宁祝华（2003）东北地区城市针叶树冬季滞

尘效应研究 [J]. 应用生态学报（12）：2113-2116.

Chen W，He XY，Zhang Y et al（2003）Dust absorption effect of urban conifers in Northeast China. Chinese Journal of Applied Ecology 14（12）：2113–2116.

Chen WY，Jim CY（2011）Resident valuation and expectation of the urban green-ing project in Zhuhai，China. Journal of Environmental Planning and Man-agement 54（7）：851–869.

Chen X-L，Zhao H-M，Li P-X，Yin Z-Y（2006）Remote sensing image-based anal-ysis of the relationship between urban heat island and land use/cover changes. Remote Sensing of Environment 104：133–146.

Cheng X，Wie B，Chen G，Li J，Song C（2015）Influence of Park Size and Its Sur-rounding Urban Landscape Patterns on the Park Cooling Effect. Journal of Urban Planning and Development 141（3）：A4014002.

Chou S-Z，Zhang C（1982）On the Shanghai urban heat island effect. Acta Geo-graphica Sinica 37：372–382.

COM（2011）Final communication from the commission to the European parlia-ment，the council，the economic and social committee and the committee of the regions：our life insurance，our natural capital：an EU biodiversity strategy to 2020. EUROPEAN COMMISSION Brussels 3 May 2011.

Comber A，Brunsdon C，Green E（2008）Using a GIS-based Network Analysis to Determine Urban Greenspace Accessibility for Different Ethnic and Religious Groups. Landscape and Urban Planning 86：103–114.

Coon JT，Boddy K，Stein K，Whear R，Barton J，Depledge MH（2011）Does Partic-ipating in Physical Activity in Outdoor Natural Environments Have a Greater Effect on Physical and MentalWell-Being Than Physical Activity Indoors? A Systematic Review. Environmental Science and Technology 45（5）：1761–1772.

Cowell FR（1978）The Garden as a Fine Art：from antiquity to modern times. Joseph，London.

Currie BA，Bass B（2008）Estimates of air pollution mitigation with green plants and green roofs using the UFORE model. Urban Ecosystems 11：409–422.

Dan L，Bou-Zeid E（2013）Synergistic Interactions between Urban Heat Islands and Heat Waves：The Impact in Cities Is Larger than the Sum of Its Parts. Appl. Meteor. Climatol. 52：2051–2064.

Deilmann C，Lehmann I，Schumacher U，Behnisch M（Hrsg）（2017）Stadt im

Spannungsfeld von Kompaktheit, Effizienz und Umweltqualität. Anwen-dungen urbaner Metrik. Springer, Heidelberg.

Derkzen ML, van Teeffelen AJA, Verburg PH（2015）Quantifying urban ecosys-tem services based on high resolution data of urban green space : an assess-ment for Rotterdam, the Netherlands. Journal of Applied Ecol. doi : 10.1111/1365-2664.12469.

de Vries S, Verheij RA, Groenewegen PP, Spreeuwenberg P（2003）Natural Envi-ronments – Healthy Environments? An Exploratory Analysis of the Relation-ship Between Green Space and Health. Environment and Planning 35（10）: 1717–1731.

Dieter M, Elsasser P（2002）Carbon stocks and carbon stock changes in the tree biomass of Germany's forests. Forstwissenschaftliches Centralblatt 121（4）: 195–210.

Dong N（2006）Shanghais innerstädtischer Freiraumwandel in zehn Jahren Stadt-erneuerung von 1991-2000 anhand von Beispielen aus Huangpu, Nanshi, Luwan, Jing'an und Lujiazui.Ph.D Thesis. University Kassel.

董正举（2011）南水北调中线水源区生态补偿标准研究 [J]. 中国环境科学与工程前沿, 5（3）: 459-473.

Dong Z, Wang J（2011）Quantitative standard of eco-compensation for the water source area in the middle route of the South-to-North Water Transfer Project in China. Frontiers of Environmental Science & Engineering in China 5（3）: 459–473.

Dosch F, Neubauer U（2016）Kennwerte für grüne Infrastruktur. Sicherung städti-scher Freiraumqualität durch Richt- und Orientierungswerte? RaumPlanung 185 : 39–15.

DRL – Deutscher Rat für Landespflege（2006）: Durch doppelte Innenentwicklung Freiraumqualitäten erhalten. Schriftenreihe des Deutschen Rates für Landes-pflege 78 : 5–39.

Easterling DR, Evans JL, Groisman PY, Karl TR, Kunkel KE, Ambenje P（2000）Observed Variability and Trends in Extreme Climate Events : A Brief Review*. Bulletin of the American Meteorological Society 81 : 417–425.

EEA – European Environment Agency（2013）Air quality in Europe – 2013 report. Publications Office of the European Union, Luxembourg.

Ellert U, Kurth B-M（2004）Methodische Betrachtungen zu den Summenscores des SF-36 anhand der erwachsenen Bevölkerung. Bundesgesundheitsbl-Gesundheitsforsch-Gesundheitsschutz 47 : 1027–1032.

Elmqvist T, Setälä H, Handel SN et al (2015) Benefits of restoring ecosystem ser-vices in urban areas. Current Opinion in Environmental Sciences 14 : 101–108.

Farivar SS, Cunningham WE, Hays RD (2007) Correlated physical and mental health summary scores for the SF-36 and SF-12 Health Survey. V.I. Health and Quality of Life Outcomes 5 : 54.

Feng CY, Gao JX, Tian MR et al (2007) Research on dust absorption ability and efficiency of natural vegetation in Mentougou District, Beijing. Research ofEnvironmental Sciences 20 (5) : 155–159.

Frich P, Alexander L, Della-Marta P, Gleason B, Haylock M, Klein Tank A, Peter-son T (2002) Observed coherent changes in climatic extremes during the sec-ond half of the twentieth century. Climate Research 19 : 193–212.

Fukuhara S, Bito S, Green J et al (1998) Translation, adaption, and validation of the SF-36 Health Survey for use in Japan. J Clin Epidemiol 51 : 1037–1044.

Fuller RA, Gaston KJ (2009) The scaling of green space coverage in European cit-ies. Biology Letters. doi : 10.1098/rsbl.2009.0010.

GALK – Gartenamtsleiterkonferenz (1973) : Richtwerte der ständigen Konferenz der Gartenamtsleiter.

Garrod G, Willis KG (1999) Economic Valuation of the environment. Edward El-gar, Cheltenham.

Gill SE, Handley JF, Ennos AR, Pauleit S (2007) Adapting Cities for Climate Change : The Role of the Green Infrastructure. Built Environment 33 (1) : 115–133.

Gómez-Baggethun E, Gren Å, Barton DN, Langemeyer J, McPhearson T, O' Farrell P, Andersson E, Hamstead Z, Kremer P (2013) Urban Ecosystem Services. In : Elmqvist, T. et al. (ed.) : Urbanization, Biodiversity and Ecosys-tem Services : Challenges and Opportunities. A Global Assessment.A Part of the Cities and Biodiversity Outlook Project. Springer, Netherlands, pp 175–251.

GOOOOD (2014) "Ningbo Eco Corridor", http : //www.goooood.hk/ningbo-eco-corridor-by-swa.htm?lang=en_US, Accessed March 10, 2014.

Grahn P, Stigsdotter UA (2003) Landscape Planning and Stress. Urban Forestry and Urban Greening 2 (1) : 1–18.

Grewal SS, Grewal PS (2012) Can cities become self-reliant in food? Cities 29 : 1–11.

Grunewald K, Bastian O (eds) (2015) Ecosystem services – concept, methods and case studies. Springer, Berlin, Heidelberg.

Grunewald K, Richter B, Meinel G, Herold H, Syrbe R-U (2017a) Proposal of indi-cators regarding the provision and accessibility of green spaces for assessing the ecosystem service "recreation in the city" in Germany. International Jour-nal of Biodiversity Science, Ecosystem Services & Management.doi : 10.1080/21513732.2017.1283361.

Grunewald K, Richter B, Behnisch M (2017b) Urban green space indicators at the city and city-district level – calculated and discussed for German cities. Ecol. Indicators (in review).

Haase D (2009) Effects of urbanisation on the water balance – A long-term tra-jectory. Environmental Impact Assessment Review 4/2009, pp 211–219.

Haase D, Larondelle N, Andersson E, Artmann M, Borgström S, Breuste J et al (2014) A quantitative review of urban ecosystem service assessments : Con-cepts, models, and implementation. Ambio 43 (4) : 413–433.

Haines-Young R, Potschin M (2013) Common International Classification of Ecosystem Services (CICES). Report to the European Environmental Agency, EEA Framework, Contract EEA/IEA/09/003.

Harrison PA, Berry PM, Simpson S, Haslett JR, Blicharska M et al (2014) Linkag-es between biodiversity attributes and ecosystem services : A systematic re-view. Ecosystem Services 9 : 191–203.

Hartig T, Evans GW, Jamner LD, Davis DS, Garling T (2003).Tracking Restora-tion in Natural and Urban Settings. Journal of Environmental Psychology 23 (2) : 109–123.

Hernández-Morcillo M, Plieninger T, Bieling C (2013) An empirical review of cul-tural ecosystem service indicators. Ecological Indicators 29 : 434–444.

Hlatky MA, Boothroyd D, Vittinghoff E et al (2002) Quality-of-life and depres-sive symptoms in postmenopausal women after receiving hormone therapy. JAMA 287 : 591–597.

Höppe P (1999) The physiological equivalent temperature – a universal index for the biometeorological assessment of the thermal environment. International Journal of Biometeorology 43 (2) : 71–75.

Honjo T, Takakura T (1990) Simulation of thermal effects of urban green areas on their surrounding areas. Energy and Buildings 15 : 443–446.

Honold J, Lakes T, Beyer R, van der Meer E (2015) Restoration in Urban Spaces : Nature Views From Home, Greenways, and Public Parks. Environment and Behaviour, pp 1–30.

Huang YJ, Akbari H, Taha H, Rosenfeld AH (1987) The Potential of Vegetation in Reducing Summer Cooling Loads in Residential Buildings. Journal of Cli-mate and Applied Meteorology 26 : 1103–1116.

Illgen M (2011) Hydrology of Urban Environments. In : Niemelä J (ed) Urban Ecology. Patterns, Processes, and Application. Oxford University Press, New York, pp 59–70.

IPCC – Intergovernmental Panel on Climate Change (2013) Summary for Poli-cymakers. In : Climate Change 2013 : The Physical Science Basis. Contribu-tion of Working Group I to the Fifth Assessment Report of the Intergovern-mental Panel on Climate Change. In : Stocker TF, Qin D, Plattner G-K, Tignor M, Allen SK, Boschung J, Nauels A, Xia Y, Bex V, Midgley PM (eds) Cam-bridge University Press, Cambridge, United Kingdom and New York, NY, USA.

Jaeger JAG, Bertiller R, Schwick C, Kienast F (2010) Suitability criteria for measures of urban sprawl. Ecological Indicators 10 (2) : 397–406.

Jauregui E (1990) Influence of a large urban park on temperature and convective precipitation in a tropical city. Energy and Buildings 15 : 457–463.

Jendritzky G, Bröde P, Fiala D, Havenith G, Weihs P, Batcherova E, DeDear R (2009) Der Thermische Klimaindex UTCI. In : Deutscher Wetterdienst (Hrsg) Klimastatusbericht 2009. Offenbach a.M., S 96–101.

Jim CY, Chen WY (2006) Recreation – amenity use and contingent valuation of urban greenspaces in Guangzhou, China. Landscape and Urban Planning 75 (1, 2) : 81–96.

Jim CY, Chen WY (2009).Ecosystem services and valuation of urban forests in China. Cities 26 (4) : 187–194.

Jim CY, Shan X (2013) Socioeconomic effect on perception of urban green spac-es in Guangzhou, China. Cities 31 : 123–131.

Judge TA, Watanabe S (1993) Another Look at the Job Satisfaction-Life Satis-faction Relationship. Journal of Applied Psychology 78 (6) : 939–948.

Jusuf SK, Wong NH, Hagen E, Anggoro R, Hong Y (2007) The influence of land use on the urban heat island in Singapore. Habitat International 31 : 232–242.

Kabisch N, Haase D (2013) Green spaces of European cities revisited for 1990–2006. Landscape and Urban Planning 110 : 113–122.

Kabisch N, Haase D (2014) Green justice or just green? Provision of urban green spaces in Berlin, Germany. Landscape and Urban Planning 122 : 129–139.

Kabisch N, Strohbach M, Haase D, Kronenberg J (2016) Urban green space avail-ability in European cities. Ecol. Indicators. http : //dx.doi.org/10.1016/ j.ecolind.2016.02.029.

Kaczynski AT, Henderson KA (2007) Environmental Correlates of Physical Ac-tivity : A Review of Evidence About Parks and Recreation. Leisure Sciences 29 (4) : 315– 354.

Kahneman D, Sugden R (2005) Experienced utility as a standard of policy evalu-ation. Environmental and Resource Economics 32 : 161–181.

Kallweit D, Wintermeyer D (2013) Berechnung der gesundheitlichen Belastung der Bevölkerung in Deutschland durch Feinstaub (PM10). UMID : Umwelt und Mensch – Informationsdienst 4/2013 : 18–24.

Knecht C (2004) Urban Nature and Well-Being : Some Empirical Support and De-sign Implications. Berkeley Planning Journal 17 (1) : 82–108.

Kolbe J, Wüstemann H (2014) Estimating the value of urban green space : A he-donic pricing analysis of the housing market in Cologne, Germany. Folia Oeconomica 5 (307) : 45–61.

Kowarik I (2005) Wild Urban Woodlands : Towards a Conceptual Framework. In : Kowarik I, Körner S (eds) Wild urban woodlands. New perspectives for urban forestry. Springer, Heidelberg, pp 1–32.

Krekel C, Kolbe J, Wüstemann H (2015) The Greener, The Happier? The Effects of Urban Green and Abandoned Areas on Residential Well-Being. SOEPpa-pers 728.

Krekel C, Kolbe J, Wüstemann H (2016) The greener, the happier? The effect of urban land use on residential well-being. Ecological Economics 121 : 117–127.

Kremer P, Hamstead ZA, McPhearson T (2016) The value of urban ecosystem services in New York City : A spatially explicit multicriteria analysis of land-scape scale valuation scenarios. Environmental Science & Policy 62 : 57–68.

Kroll F, Müller F, Haase D, Fohrer N (2012) Rural–urban gradient analysis of eco-system services supply and demand dynamics. Land Use Policy 29 : 521–535.

Krüger T, Held F, Hoechstetter S (2014) Identifikation von hitzesensitiven Stadt-quartieren.In : Wende W, Rößler S, Krüger T (Hrsg) Grundlagen für eine kli-mawandelangepasste Stadt- und Freiraumplanung. REGKLAM (Regionales Klimaanpassungsprogramm Modellregion Dresden), Heft 6. Rhombos, Berlin, 5–20.

Kühnau C, Böhme C, Bunzel A, Böhm J, Reinke M (2016) Von der Theorie zur

Umsetzung：Stadtnatur und doppelte Innenentwicklung（From theory into practice：Urban green space and dual inner development）. Natur und Land-schaft 7：329–335.

Kuo FE，Bacaicoa M，Sullivan WC（1998）Transforming Inner City Landscapes：Trees，Sense of Place，and Preference. Environment and Behavior 30（1）：28–59.

Kuo M（2015）How might contact with nature promote human health? Promising mechanisms and a possible central pathway. Frontiers in Psychology 6：1093.

Kuttler W，Weber S，Schonnefeld J，Hesselschwerdt A（2007）Urban/rural atmos-pheric water vapour pressure differences and urban moisture excess in Kre-feld，Germany. International Journal of Climatology 27：2005–2015.

Larsen L（2015）Urban climate and adaptation strategies. Frontiers in Ecology and the Environment 13：486–492.

Lee AC，Jordan HC，Horsley J（2015）Value of urban green spaces in promoting healthy living and wellbeing：prospects for planning. Risk Manag Health Poli-cy 8：131–137.

Lehmann I，Mathey J，Rößler S，Bräuer A，Goldberg V（2014）Urban vegetation structure types as a methodological approach for identifying ecosystem ser-vices – Application to the analysis of micro-climatic effects. Ecological Indi-cators 42：58–72.

Leiva GMA，Santibañez DA，Ibarra ES，Matus CP，Seguel R.（2013）A five-year study of particulate matter（PM2.5）and cerebrovascular diseases. Environ. Pollution 181：1–6.

冷平生，杨晓红，苏芳，吴斌（2004）北京城市园林绿地生态效益经济评价初探 [J]. 农学院学报（04）：25-28.

Leng PS，Yang XH，Su F，Wu B（2004）Economic Valuation of Urban Greenspace Ecological Benefits in Beijing City. Journal of Beijing Agricultural College 19（4）：25–28.

Li J，Song C，Cao L，Zhu F，Meng X，Wu J（2011）Impacts of landscape structure on surface urban heat islands：A case study of Shanghai，China. Remote Sensing of Environment 115：3249–3263.

Li X，Zhou W，Ouyang Z，Xu W，Zheng H（2012）Spatial pattern of greenspace affects land surface temperature：evidence from the heavily urbanized Beijing metropolitan area，China. Landscape Ecology 27：887–898.

Lupp G，Förster B，Kantelberg VM，Arkmann T，Naumann J，Honert C，Koch M，

Pauleit S (2016) Assessing recreation value of urban woodland using the Eco-system Service Approach in two forests in the Munich Metropolitan Region. Sustainability 8 (1156): 1–14.

Lu XC, Yao T, Fung JCH et al (2016) Estimation of health and economic costs of air pollution over the Pearl River Delta region in China. Science of the Total Environment 566–567: 134–143.

Maas J, Verheij RA, Groenewegen PP, de Vries S, Spreeuwenberg P (2006) Green Space, Urbanity, and Health : How Strong is the Relation? Journal of Epide-miology and Community Health 60 (7): 587–592.

Maas J, Verheij RA, Spreeuwenberg P, Groenewegen PP (2008) Physical Activity as a Possible Mechanism Behind the Relationship Between Green Space and Health : A Multilevel Analysis. BMC Public Health 8: 260–273.

Maas J, Verheij RA, de Vries S, Spreeuwenberg P, Schellevis FG, Groenewegen PP (2009) Morbidity is Related to a Green Living Environment. Journal of Epi-demiology and Community Health 63 (12): 967–973.

Maraja R, Barkmann J, Tscharntke T (2016) Perceptions of cultural ecosystem services from urban green. Ecosystem Services 17: 33–39.

Mathey J, Rößler S, Lehmann I, Bräuer A, Goldberg V, Kurbjuhn C, Westbeld A (2011) Noch wärmer, noch trockener? Stadtnatur und Freiraumstrukturen im Klimawandel. In : Bundesamt für Naturschutz (BfN) (Hrsg) Naturschutz undBiologische Vielfalt, Heft 111: 220 S.

Mathey J, Rößler S, Banse J, Lehmann I, Bräuer A (2015) Brownfields as an El-ement of Green Infrastructure for Implementing Ecosystem Services into Ur-ban Areas. Journal of Urban Planning and Development 141 (3): A4015001-1–A4015001-13.

McDonald RI, Green P, Balk D, Fekete BM, Revenga C, Todd M, Montgomery M (2011) Urban growth, climate change, and freshwater availability. PNAS 108 (15): 6312–6317.

McPherson EG (1997) Atmospheric carbon dioxide reduction by Sacramento's urban forest. Journal of Arboriculture 24 (4): 215–223.

Melichar J, Vojáček O, Rieger P, Jedlička K (2009) Measuring the value of urban forest using the Hedonic price approach. Regional Studies 2: 13–20.

MEA – Millennium Ecosystem Assessment (2005) Ecosystem and Human Well-Being : Scenarios, vol 2, Island Press, Washington DC.

Müller N, Abendroth S（2007）Empfehlungen für die Nationale Strategie zur Bio-
logischen Vielfalt in Deutschland. Naturschutz und Landschaftsplanung 39: 114–118.

Newton J（2007）Well-Being and the Natural Environment: A Brief Overview of the
Evidence. United Kingdom Department of Environment, Food and Rural Affairs
Discussion Paper 20 Aug 2007.

Nowak DJ（2006）Air pollution removal by urban trees and shrubs in the United States.
Urban Forestry and Urban Greening 4: 115–123.

Nowak DJ, Hoehn RE III, Crane DE, Stevens JC, Leblanc-Fisher C（2010）As-
sessing urban forest effects and values, Chicago's urban forest. Resource Bul-letin
NRS-37. Newtown Square, PA: U.S. Department of Agriculture, Forest Service,
Northern Research Station.

Oke TR（1973）City size and the urban heat island. Atmospheric Environment 7: 769–
779.

Panduro TE, Veie KL（2013）Classification and valuation of urban green spaces – A
hedonic house price valuation. Landscape and Urban planning 120: 119–128.

Patz JA, Campbell-Lendrum D, Holloway T, Foley JA（2005）Impact of regional
climate change on human health. Nature 438: 310–317.

Paul MJ, Meyer JL（2008）Streams in Urban Landscape. In: Marzluff JM, Shu-
lenberger E, Endlicher W, Alberti M, Bradley G, Ryan C, ZumBrunnen C, Si-
mon U（eds）Urban Ecology. An International Perspective on the Interaction Between
Humans and Nature. Springer, New York, pp 207–231.

Pauleit S（2010）Kompakt und grün: die ideale Stadt im Klimawandel. Grünflä-chen
gegen Hitze in der Stadt.Themenheft Stadtklima. Garten + Landschaft 4: 12–15.

Rauterberg H（2013）Essbare Stadt: Lasst es euch schmecken! DIE ZEIT 36/2013.
www.zeit.de/2013/36/urban-gardening-essbare-stadt. Accessed 09 Okt 2015.

REGKLAM-Konsortium（Hrsg）（2013）Integriertes Regionales Klimaanpassungs-
programm für die Region Dresden. Grundlagen, Ziele und Maßnahmen. REGKLAM-
Publikationsreihe, Heft 7. Rhombos, Berlin.

Ren QW, Wang C, Qie GF et al（2006）Airborne particulates in urban greenland and
its relationship with airborne microbes. Urban Environment & Urban Ecology 19（5）:
22–25.

Richardson EA, Pearce J, Mitchell R, Kingham S（2013）Role of Physical Activity
in the Relationship Between Urban Green Space and Health. Public Health 127（4）:
318–324.

Rook G（2013）Regulation of the immune system by biodiversity from the natural environment：An ecosystem service essential to health. Proceedings of the Na-tional Academy of Sciences USA 110：18360–18367.

Rowe DB（2011）Green roofs as a means of pollution abatement. Environmental Pollution 159：2100–2110.

Rütten A（2001）Self reported physical activity, public health and perceived envi-ronment：results from a comparative European study. Epidemiol Community Health 55：139–46.

Sæbø A, Popek R, Nawrot B et al（2012）Plant species differences in particulate matter accumulation on leaf surfaces. Science of the Total Environment 427：347–354.

Santos JML（1998）The economic valuation of landscape change：Theory and policies for landscape conservation. Edward Elgar, Cheltenham.

Schär C, Jendritzky G（2004）Climate change：Hot news from summer 2003. Na-ture 432：559–560.

Schär C, Vidale PL, Luthi D, Frei C, Haberli C, Liniger MA, Appenzeller C（2004）The role of increasing temperature variability in European summer heatwaves. Nature 427：332–336.

Scherber K, Langner M, Endlicher W（2013）Spatial analysis of hospital admis-sions for respiratory diseases during summer months in Berlin taking biocli-matic and socio-economic aspects into account. Die Erde 144（3）：217–237.

Schmidt C, Seidel M, Großkopf F（2014）Entwicklung einer Methodik für die Er-mittlung stadtspezifischer Richtwerte für die quantitative und qualitative Aus-stattung mit öffentlich nutzbarem Grün in Dresden. TU Dresden.

Schröter F（2015）：Orientierungswerte, Homepage Dr. Schröter, Stand：13. April 2015. http：//www.dr-frank-schroeter.de/planungsrichtwerte.htm. Accessed 1 Nov 2016.

Semenza JC, Rubin CH, Falter KH, Selanikio JD, Flanders WD, Howe HL, Wil-helm JL（1996）Heat-Related Deaths during the July 1995 Heat Wave in Chi-cago. New England Journal of Medicine 335：84–90.

Shan X-Z（2014）Socio-demographic variation in motives for visiting urban green spaces in a large Chinese city. Habitat International 41：114–120.

Shashua-Bar L, Hoffman ME（2000）Vegetation as a climatic component in the design of an urban street：An empirical model for predicting the cooling effect of urban green areas with trees. Energy and Buildings 31 : 221–235.

Shi M (1998) From imperial gardens to public parks : The transformation of urban space in early 20th-century Beijing. Modern China 24 (3) : 219–254.

Smyth R, Mishra V, Qian X (2008) The environment and well-being in urban Chi-na. Ecological Economics, 68 (1) : 547–555.

Spangenberg J (2014) China in the anthropocene : Culprit, victim or last best hope for a global ecological civilisation? BioRisk 9 : 1–37.

Spash CL (2000) The Concerted Action on Environmental Valuation in Europe (EVE) : an introduction. Environmental Valuation in Europe (EVE), Cam-bridge Research for the Environment, UK.

Speak A, Tothwell J, Lindley S et al (2012) Urban particulate pollution reduction by four species of green roof vegetation in a UK city. Atmospheric Environ-ment 61 : 283–293.

Stanners D, Bourdeau P (1995) Europe's Environment : The Dobris Assessment. European Environment Agency, Copenhagen, pp 261–296.

Stigsdotter UK, O. Ekholm J, Schipperijn M, Toftager F, Kamper-Jørgensen, and Randrup TB (2010) Health Promoting Outdoor Environments : Associations Between Green Space and Health, Health-Related Quality of Life, and Stress Based on a Danish National Representative Survey. Scandinavian Journal of Public Health 38 (4) : 411–417.

Streutker DR (2003) Satellite-measured growth of the urban heat island of Hou-ston, Texas. Remote Sensing of Environment 85 : 282–289.

Stülpnagel AV (1987) Klimatische Veränderungen in Ballungsgebieten unter be-sonderer Berücksichtigung der Ausgleichswirkung von Grünflächen, dargestellt am Beispiel von Berlin (West). Dissertation FB 12 (Landschaftsentwicklung), Technische Universität Berlin, 173 S.

Sturm R, Cohen D (2014) Proximity to Urban Parks and Mental Health. Journal of Mental Health Policy and Economics 17 (1) : 19–24.

Swanwick C, Dunnett N, Woolley H (2003) The Nature, Role, and Value of Green Space in Towns and Cities : An Overview. Built Environment 29 (2) : 94–106.

Taha H, Akbari H, Rosenfeld A (1991) Heat island and oasis effects of vegeta-tive canopies : Micro-meteorological field-measurements. Theoretical and Ap-plied Climatology 44 (2) : 123–138.

Takano T, Nakamura K, Watanabe M (2002) Urban Residential Environments and

Senior Citizen's Longevity in Megacity Areas : The Importance of Walka-ble Green Spaces. Journal of Epidemiology and Community Health 56 (12) : 913–918.

Tan J, Zheng Y, Tang X, Guo C, Li L, Song G, Zhen X, Yuan D, Kalkstein A, Li F, Chen H (2010) The urban heat island and its impact on heat waves and hu-man health in Shanghai. International Journal of Biometeorology 54 (1) : 75–84.

Tchepel O, Dias D (2011) Quantification of health benefits of related reduction of atmospheric PM10 levels : implementation of population mobility approach. International Journal of Environmental Health Research 21 : 189–200.

TEEB – The Economics of Ecosystems and Biodiversity (2010) Chapter 5 : The economics of valuing ecosystem services and biodiversity.

TEEB – The Economics of Ecosystems and Biodiversity (2011) TEEB manual for cities : Ecosystem services in urban management.

TEEB DE – Naturkapital Deutschland (2016) : Ökosystemleistungen in der Stadt – Gesundheit schützen und Lebensqualität erhöhen. In : Kowarik I, Bartz R, Brenck M. (Hrsg) Technische Universität Berlin ; Helmholtz-Zentrum für Um-weltforschung – UFZ. Berlin, Leipzig.

Tong C, Feagin RA, Lu J, Zhang X, Zhu X, Wang W, He W (2007) Ecosystem ser-vice values and restoration in the urban Sanyang wetland of Wenzhou, China. Ecological Engineering 29 : 249–258.

童明坤, 高吉喜, 田美荣, 稽萍 (2015) 北京市道路绿地消减 $PM_{2.5}$ 总量及其健康效益评估 [J]. 中国环境科学, 35 (09) : 2861-2867.

Tong MK, Gao JX, Tian MR et al (2015) Subduction of Pm2.5 by road green space in Beijing and its health benefit evaluation. China Environmental Sci-ence 35 (9) : 2861–2867.

TURENSCAPE (2011) "Qunli Stormwater Park : A Green Sponge for a Water-resilient City", http : //www.turenscape.com/en/project/detail/435.html, Ac-cessed Aug 25, 2011.

Tyagi V, Kumar K, Jain VK (2013) Road traffic noise attenuation by vegetation belts at some sites in the Tarai region of India. Archives of Acoustics 38 (3) : 389–395.

Ulrich RS, Simons RF, Losito BD, Fiorito E, Miles MA, Zelson M (1991) Stress Re-covery During Exposure to Natural and Urban Environments. Journal of En-vironmental Psychology 11 (3) : 201–230.

Umweltatlas Berlin (Ausgabe 2013) : Versorgung mit öffentlichen, wohnungsna-hen

Grünanlagen.

UNEP – United Nations Environment Programme（2010）UNEP Environmentalassessment Expo 2010 Shanghai，China. http：//www.unep.org/pdf/ SHANGHAI_REPORT_FullReport.pdf. Accessed 3 Jan 2017.

UNPD – United Nations Procurement Division（2012）World Urbanization Pro-spects： The 2011 Revision. New York.

Upmanis H，Eliasson I，Lindqvist（1998）The influence of green areas on noctur-nal temperatures in a high latitude city（Göteborg，Sweden）. International Journal of Climatology 18：681–700.

URGE-Team（2004）Making Greener Cities – A Practical Guide.UFZ-Bericht 8 （Stadtökologische Forschungen 37），UFZ Leipzig-Halle GmbH，Leipzig. http：// www.urge-project.ufz.de/index.html.

US EPA – United States Environmental Protection Agency（2004）Incorporating Emerging and Measures in a State Implementation Plan（SIP）. US Environ-mental Protection Agency，Research Triangle Park，NC. http：//www.epa.gov/ttn/ oarpg/t1/ memoranda/evm_ievm_g.pdf.

Van Praag B，Baarsma B（2005）Using happiness surveys to value intangibles：the case of airport noise. Economic Journal 115：224–246.

Vanslembrouck I，Van Huylenbreock G，Van Meensel J（2005）Impact of Agricul-ture on Rural Tourism：A Hedonic Pricing Approach. Journal of Agricultural Economics 56（1）：17–30.

Von Döhren P，Haase D（2015）Ecosystem disservices research：A review of the state of the art with a focus on cities. Ecol. Indic. 52：490–497.

Voogt JA（2002）Urban Heat Island. In：Douglas I（ed）Causes and consequences of global environmental change. John Wiley & Sons，Ltd，Chichester，pp 660–666.

Vos PEJ，Maiheu B，Vankerkom J，Janssen S（2012）Improving local air quality in cities：to tree or not to tree. Environmental Pollution 183：113–122.

王蕾，哈斯，刘连友，高尚玉（2006）北京市春季天气状况对针叶树叶面颗粒物附 着密度的影响 [J]. 生态学杂志（08）：998-1002.

Wang L，Hasi E，Liu LY et al（2006）Effects of weather condition in spring on par-ticulates density on conifers leaves in Beijing. Chinese Journal of Ecology 25（8）： 998–1002.

Wang G，Jiang G，Zhou Y et al（2007）Biodiversity conservation in a fast-growing metropolitan area in China : a case study of plant diversity in Beijing. Bio-divers Conserv 16 : 4025. doi : 10.1007/s10531-007-9205-3.

Wang X-A (2013) The impacts of 2003 extreme temperatures on mortality in Shanghai, China. East China Normal University.

Ware JE, Kosinski M, Gandek B (2000) SF-36 Health Survey : Manual & Interpretation Guide. QualityMetric Incorporated, Lincoln, RI, 1993.

Weller B, Naumann T, Jakubetz S (Hrsg) (2012) Gebäude unter den Einwirkungen des Klimawandels. REGKLAM-Publikationsreihe, Heft 3. Rhombos, Berlin.

Welsch H (2006) Environment and happiness : valuation of air pollution using life satisfaction data. Ecological Economics 58 : 801–813.

Whitfield J (2009) Seeds of an edible city architecture. In : Nature 459 : 914–915.

WHO – World Health Organisation (2010) Urban planning, environment and health : from evidence to policy action. W.R.O. f. Europe (De.) p119.

WHO – World Health Organisation (2013) Review of evidence on health aspects of air pollution – REVIHAAP project : final technical report. Kopenhagen.

Wolch JR, Byrne J, Newell JP (2014) Urban green space, public health, and environmental justice : the challenge of making cities just green enough. Landsc.Urban Plan. 125 : 234–244. http : //dx.doi.org/10.1016/j.landurbplan.2014.01.017.

Wu S, Hou Y, Yuan G (2010) Valuation of forest ecosystem goods and services and forest natural capital of the Beijing municipality, China. Unasylva 234/235 (61) : 28–36.

Wu YX, Kang WX, Guo QH et al (2009) Functional value of absorption and purgation to atmospheric pollutants of urban forest in Guangzhou. Scientia Silvae Sinicae 45 (5) : 42–48.

Wüstemann H, Kalisch D, Kolbe J (2016) Towards a national indicator for urban green space provision and environmental inequalities in Germany : Method and findings. SFB 649 Discussion Paper 2016-2022.

Wüstemann H, Kolbe J, Krekel C (2017) Health effects of urban green spaces : an empirical analysis. Natur und Landschaft 92 (1) : 31–37.

Wüstemann H, Kolbe J (2017a) The impact of urban green space on real estate prices : A hedonic analysis for the city of Berlin. Raumforschung und Raum-ordnung (forthcoming).

Wüstemann H, Kolbe J (2017b) Die Bewertung der ökonomischen Bedeutung urbaner Grünflächen mittels der Immobilienwertmethode : Befunde und praktische

Implikationen. Geographische Rundschau (forthcoming) .

Xiao N (2015) Biodiversity and Ecosystem services in Beijing City. Presentation on the 8th Sino-German Workshop on Biodiversity Conservation，Berlin，18-19 June 2015.

许志敏，吴建平（2015）居住区绿地环境与居民身心健康之间的关系：生活满意度的中介作用 [J]. 心理技术与应用，6（22）：7-14.

Yang W，Hyndman DW，Winkler JA，Viña A，Deines J，Lupi F，Luo L，Li Y，Basso B，Zheng C，Ma D，Li S，Liu X，Zheng H，Cao G，Meng Q，Ouyang Z，Liu J (2016) Urban water sustainability：framework and application. Ecology and Society 21 (4)：4.

Yang J，McBride J，Zhou JX et al (2005) The urban forest in Beijing and its role in air pollution reduction. Urban Forestry & Urban Greening 3：65–78.

Yang J，Yu Q，Gong P (2008) Quantifying air pollution removal by green roofs in Chicago. Atmospheric Environment 42：7266–7273.

Yang J，Zhou J (2009) Comparison of vegetation cover in Beijing and Shanghai. A remote sensing approach. In：McDonnell MJ，Breuste JH (eds) Comparative Ecology of Cities and Towns. Cambridge Univ. Press，UK.

Yin H，Xu J (2009) Spatial accessibility and equity of parks in Shanghai. Urban Studies 6：71–76.

Zhang X，Chen J，Tan M，Sun Y (2007) Assessing the impact of urban sprawl on soil resources of Nanjing city using satellite images and digital soil databases. Catena 69：16–30.

Zhang B，Xie GD，Zhang CQ，et al (2012a) The economic benefits of rainwater-runoff reduction by urban green spaces：A case study in Beijing，China. Jour-nal of Environmental Management 100：65–71.

Zhang B，Gaodi X，Bin X，Canqiang Z (2012b) The effects of public green spaces on residential property value in Beijing. Journal of Resources and Ecology 3 (3)：243–252.

Zhang B，Xie GD，Gao JX，et al (2014) The cooling effect of urban green spaces as a contribution to energy-saving and emission-reduction：a case study in Beijing，China. Building and Environment 76：37–43.

Zhao ST，Li XY，Li YM (2014) The characteristics of deposition of airborne par-ticulate matters with different size on certain plants. Ecology and Environ-mental Sciences 23 (2)：271–276.

Zhou S-Z（1988）The "five islands" effects of Shanghai urban climate. Scientia Sinica，B： 1226–1234.

Zhou N，He G，Williams C，China Energy Group（2012）China's Development of Low-Carbon Eco-Cities and Associated Indicator Systems. Ernest Orlando Lawrence，Berkeley National Laboratory，LBNL-5873E.

周淑贞，王行恒（1996）上海大气环境中的城市干岛和湿岛效应 [J]. 华东师范大学学报（自然科学版）（04）： 68-80.

Zhou SZ，Wang XH（1996）The urban dry island and urban moisture island effects of Shanghai atmospheric environment. Journal of East China Normal University – Natural Science： 68–80.

Zhou W，Qian Y，Li X，Li W，Han L（2013）Relationships between land cover and the surface urban heat island： seasonal variability and effects of spatial and thematic resolution of land cover data on predicting land surface tempera-tures. Landscape Ecology 29： 153–167.

Zippel S（2016）Urban Parks in Shanghai.Study of Visitors' Demands and Present Supply of Recreational Services. Dresden TU Dresden，Faculty of Environ-mental Sciences，Master Thesis.

4 城市绿色空间开发的机遇与挑战

拉尔夫 – 乌韦·思博、常江

为人口密集的城市提供高质量的绿地常常被视为严峻的挑战。城市需要寻求创新的解决方法以增加我们称之为城市绿地的公共空间。城市绿色空间不仅仅指公园、草坪和街道旁的绿化，河流、小溪、池塘和湖泊以及滨水的生境也是城市绿色空间的重要组成部分。为了提高人类的健康和生活质量，人们想出了许多方法将植被引入社区当中（如绿色屋顶、绿色立面）。本章对这些方法和手段进行了综述，并将利用中德两国的精选案例对一些大家感兴趣的话题进行深入探讨。

4.1 绿色空间开发措施

本节简要介绍了对于绿地开发非常重要的中国和德国城市规划的主要层级和议题，以及法定的与非法定的规划方法及工具，因为它们对于绿地开发非常重要。此外，第三节介绍了中德两国所采用的经济手段，并在图框里给出了德国利用废水分置收费缓解覆土程度的示例。

4.1.1 中国城市绿色空间规划体系

常江、胡庭浩、罗萍嘉

中国在 21 世纪初建立了一套完整的绿地开发和规划系统，现在已经形成了自上而下的管理框架。五类出自不同规划领域、不同层面的法定规划对于绿地开发和目标保护有着重要的意义。这五类法定规划分别是国民经济与社会发展规划、国家层面的生态环境与控制规划、土地利用总体规划、城市总体规划和城市绿地系统规划。此外，非法定规划和园林城市运动也是绿色空间开发和绿色城市建设的重要方法和激励手段。中国绿色空间发展和规划体系请参见图 4.1。

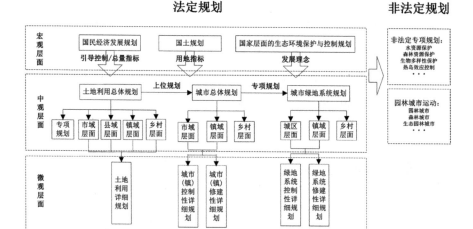

图 4.1　中国绿地开发和规划系统的工具及方法（胡庭浩制图）

国民经济与社会发展规划

国民经济与社会发展规划纲要也被称为"五年规划"，浓缩了国民经济和社会发展所有议题的具体安排。自 1953 年以来，中国已经发布了 13 个五年规划，涵盖了经济和社会发展、工业、IT 业、生态和环境保护等各个方面。在改善绿色空间发展方面，国民经济与社会发展规划的主要作用是把握方向，确定国家层面的总量指标。

土地利用总体规划

土地利用总体规划是城市和乡村建设与土地管理的纲领性文件，在所有提及的规划中是最严格的土地管理手段之一。根据行政区域划分，土地利用总体规划可以归属到国家、省级、市级、县级和乡级层面，其规划对象为所有的土地资源和土地利用类型。

土地利用总体规划和城市绿地系统规划在内容上有重合的部分。在两个规划中绿地类型的名称有所不同，但土地利用总体规划涵盖了所有类型的城市绿地，不仅其"建设用地"类型包括"休闲型城市绿地"，其他土地利用类型中也涵盖有城市绿地。由于这个规划的效力要高于城市绿地系统规划，因此除了明确界定城市绿地之外，该规划还能起到引导和控制作用，并将未利用土地整合成为城市绿地系统的重要组成部分。土地利用总体规划对于城市绿地系统规划具有决定性的作用，主要体现在控制农业用地、建设用地和未利用土地的数量、功能及布局方面。因此，它直接决定着城市绿地系统的规模、结构和功能。

城市总体规划

城市总体规划是城市发展的规划框架，是城市经济和社会发展、土地利用、空间布局以及城市管理的综合性规划。在由土地利用总体规划确定的土地利用指标的基础上，城市总体规划进一步确定城市绿色空间的布局和形式。城市总体规划中对于城市绿色空间的发展和管制主要通过各类建设用地中的"城市绿地"规划来实现。城市总体规划有一整套从城市层面到乡村层面的规划方案。

城市绿地系统规划

城市绿地系统规划是城市总体规划中重要的专项规划之一。在 2002

年建设部发布了《城市绿地分类标准》和《城市绿地系统规划纲要（试行）》，标志着中国城市绿地系统规划编制工作开始步入规范化和制度化的轨道，城市绿地系统规划开始作为城市总体规划的专项进行独立编制。基于城市总体规划确定的城市特色、发展目标和土地利用布局，城市绿地系统规划的设计初衷是科学制定各类城市绿地的发展指标，合理安排城市各类园林绿地建设和市域大环境绿化的空间布局。作为城乡规划的专项规划，城市绿地系统规划进一步落实城市绿色空间规划的各项子指标和规划细节，针对城市各类绿地空间的功能、结构、形态、树种选择等规划内容，对各类绿地的规划设计具有直接的控制或引导作用。

　　在城市规划用地范围内进行城市绿地系统规划，主要对象包括：公园绿地、生产绿地、防护绿地、附属绿地、其他绿地（表4.1）。

中国绿地分类　　　　　　　　　　　　　表 4.1

分类码	绿地类型	定义	从属类型
G1	公园绿地	向公众开放，以游憩为主要功能，兼具生态、美化、防灾等作用的绿地	综合公园、社区公园、专类公园、带状公园、街旁绿地
G2	生产绿地	为城市绿化提供苗木、花草、种子的苗圃、花圃、草圃等圃地，作为城市绿化的生产基地	—
G3	防护绿地	防护绿地指城市中具有卫生、隔离和安全防护功能的绿地。包括卫生隔离带、道路防护绿地、城市高压走廊带、防风林、城市组团隔离带、安全防护林等	—
G4	附属绿地	附属绿地是城市建设用地中绿地之外各类用地中的附属绿化用地	居住用地、公共设施用地、工业用地、仓储用地、对外交通用地、道路广场用地、市政设施用地和特殊用地中的绿地
G5	其他绿地	其他绿地指对城市生态环境质量、居民休闲生活、城市景观和生物多样性保护有直接影响的绿地	风景名胜区、水源保护区、郊野公园、森林公园、自然保护区、风景林地、城市绿化隔离带、野生动物园、湿地等

资料来源：《城市绿地分类标准》CJJ/T 85

非法定规划和园林城市运动

在城市尺度，政府下辖局机关单位会组织科研机构或高校等编制一些与城市绿地系统直接相关的非法定规划，如自然保护区规划、生物多样性保护规划、清风廊道规划等（见 **4.3**）。这些规划是城市规划和绿地系统规划的有力补充，但法律效益和执行力度仍有待加强。

此外，在中国，一系列的园林城市运动也在如火如荼地展开，如国家园林城市、国家森林城市、国家生态园林城市评比等。国家针对不同类型模范城市的特色来设定相关指标，若城市达标并成功当选相应模范城市，将会得到一定的国家补助和扶持政策的倾斜。同时，这对于提升城市知名度、荣誉感，以及培养市民的责任意识和环保意识也起到积极的作用。

4.1.2 德国的城市与绿色空间规划

斯蒂芬妮·罗塞勒斯、爱丽丝·施罗德

除了战略政策之外，就总体目标和方法而言（见 **2.2**），各种法定与非法定空间规划和部门性的规划手段都可以落实并实现城市绿色空间发展的目标与要求。在这一章节，我们首先介绍了德国规划体系以及相应的规划手段；其次，针对不同问题，在不同的规划层面和尺度上，提出了具体规划手段和建议。

德国拥有一个宏观性的空间规划体系来应对不同层面的空间发展需要。特别是在自然保护和环境保护方面，在部门性的法律框架保护下，德国有大量的规划手段和方法来解决各层面的自然保护和环境问题（图 4.2）。在德国，自然保护（景观规划）是对国家、区域、城市和社区层面法定规划的有力补充。为了应对城市、街区和建筑上存在的问题，城市再开发策略被应用其中。最后，为了提升城市绿地建设质量，环境规划手段也广为应用。除了具有法律约束力的手段和方法外，在区域层面和城市层面上还可

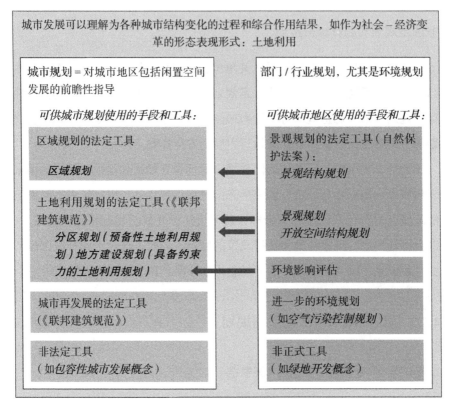

图 4.2 德国规划手段概述（斯蒂芬妮·罗塞勒斯制图）

以采用各种各样的非法定手段加以实施。

土地利用规划和城市再开发

在德国，空间规划的目标和手段是通过《空间规划法》（联邦和区域层面）和《联邦建筑规范》（地方层面）进行约束的。空间规划的最终目标是协调土地利用的要求并保证整个国家的可持续发展和居民平等的生活条件。在城市地区，土地利用规划的任务是在《联邦建筑规范》基础上指导城市土地利用遵循可持续发展的原则。土地利用规划不仅仅关注当地环境、自然特征和气候变化带来的挑战，还关注城市设计的质量。现状绿地的保护和新绿地的开发是土地利用规划和城市再开发非常重要的内容之一（Heiland et al，2016；Rößler and Albrecht，2015；Wende et al，2010）。

区域规划

对德国各联邦州来说，区域规划的义务是协调农业、林业、住区、基础设施以及自然保护和城市绿带对土地利用的不同需求。在发展城市 – 区域绿地系统，指导社区居民融入自然、保护自然和完善生境网络等方面，区域规划是协调特定区域内城市间需求的重要工具和手段。

分区规划和地方建设规划

在市级层面上，主要有两大手段来协调土地利用和未来城市发展。分区规划 / 土地利用规划覆盖了整个城市行政管辖区，不仅包括住区，还包括如农业用地、森林和绿地等开放空间。因此，分区规划可以对绿地系统的整体结构、不同类型绿地的分布及其权属和地位进行界定。分区规划是市政管理的强制性规划，具体的市政规划决策必须要和分区规划保持一致。在区县 / 场地层面，地方建设规划主要用于约束建筑的建设密度、结构、绿地率和建筑功能（框 4.6）。

实际上，分区规划和地方建设规划在绿色空间发展上的基础和理念都源于强制性的景观规划。自然保护和景观管理的要求必须纳入区域规划和地方建设规划的权衡中，这也意味着必须平等考虑这些规划所提出的目标和措施。如果这些措施和目标不被采信，需要给出适当的理由。只有当这些规划和空间规划整合在一起时，规划目标才具有约束力。因此，合理而优秀的城市景观规划显得尤为重要。

在地方建设规划中，界定了下列类型的绿地：

— 公共和私人绿地（公园、私人花园、运动场、操场和墓地）

— 水域

— 林业和农业区域

— 自然保护、管理和开发区域

在住区附近建造私人绿地是建设活动的一部分，但这部分建设活动并没有被纳入法定规划中的，而是通过建筑规范的约束，成为一种义务性和强制性要求。这些规范对建设活动中私人绿地设计、植物的选择和覆土比例的要求进行了界定。在建设过程中，投资者有责任按照相关规划和规范进行操作。

现有城区再开发

由于德国的城市发展主要集中在现有的邻里和住区结构中，城市更新，或者说现有城区的再开发，在城市规划体系中占有很重要的位置。由于现有建筑存量的关系，在城市更新策略中需要对绿地开发和生态系统服务供给加以考虑（BfN，2015）。

现有城区的管控框架是依据《联邦建筑规范》制定的，该框架规定城市更新应该服务于城市居民的福祉。特别是城市和建筑结构应该满足于城市生活对社会、健康、经济和文化的需求，同时也应满足环境保护的要求。在很大程度上，这些需求可以通过绿地提供的生态系统服务来实现。因此，绿地开发在城市更新过程中至关重要（Heiland et al，2016）。

在德国，法律是城市更新的保证，可以从容应对城市更新过程中出现的各种挑战（如现有社区的改进、社区转型、社会挑战等）。此外，"国家资助计划"（自由州的财政拨款）也可以推进这些更新和再开发项目。最近，提高生物多样性和绿色空间发展已经成为这些计划的优先关注目标之一。在国家发起推动贫困城市社区发展绿色空间的计划之后，国家也开始鼓励私人在现状住宅的绿色空间营造方面投资（图4.3）。

层面	城市—区域层面	城市层面	区/社区/位点层面
议题	新住区指导 绿地网络 清风廊道 栖息地网络 休闲	绿地网络 绿地分布 绿地可达性 绿地供应 栖息地多样性 生态系统服务供应	绿地的功能与设计 生态系统服务供应 物种多样性 多功能性 维护
工具	法定： 区域规划 景观结构规划 非法定： 区域公园概念	法定： 分区规划 景观规划 非法定： 城市生物多样性战略 包容性城市发展概念 绿地开发战略	法定： 地方建筑规划 开放空间结构规划 非法定： 城市再生/再开发的工具

图4.3 绿地规划问题和适宜的规划等级/手段（斯蒂芬妮·罗塞勒斯制图）

景观规划

在德国，景观规划是以预防为导向的自然保护和景观管理的主要手段。自 1976 年它就成为《德国自然保护与景观管理法》的一个重要组成部分。景观规划的主要目标是规范地方层面（或稍大于地方尺度）上自然保护和景观管理的目的、要求和具体措施。因此，景观规划包含以下的主题：

— 自然和景观的现状与未来预测；

— 自然保护和景观管理的具体目标；

— 对自然和景观现状及预期状态的评估，包括任何可能发生的矛盾和问题；

— 实施自然保护和景观管理的具体要求和措施；

— 对自然和景观过程的监控。

景观规划的任务包括建立生境网络，提供可持续土地利用和城市发展的信息及标准，提供生物多样性保护和景观保护所需要的信息与标准等（BfN，2008）。它同时还支持对其他学科环境层面的项目、立案和措施等进行评估。此外也涉及生态与环境补偿应用、欧洲的自然环境保护和水环境立法等方面。景观规划为政府审批机关、自然保护机构、各类规划的编撰，以及各种组织、土地使用者和公民提供必要的信息。实际上，在涉及所有影响自然和景观的规划和行政管理过程中，景观规划都必须要得到充分考虑。因此，在满足景观规划所需要的特定自然和景观资料信息的基础上，可实现对现状问题和未来发展的快速决策。

景观规划作为空间规划的平级规划，其针对不同的研究对象和研究尺度制定不同的应对方案。在国家层面，不存在景观规划这一概念；在联邦层面，几乎所有的联邦州都制定了景观方案；在区域层面，德国几乎所有的区域都有各自的区域景观结构规划；在市级层面，几乎一半的德国地区都有地方景观规划，还有 1/5 的地区正在准备制定自己的景观规划（BfN，2012）；在场地层面和具体的项目上，开敞空间结构规划对具体规划区域的布局进行约束。不同空间层面景观规划的法律效力和约束性在各个联邦州是不同的。

在城市层面（市级层面），地方景观规划是分析和规划城市绿地和开敞空间的重要工具，在德国，地方景观规划与建筑、灰色基础设施具有同等重要的位置。一个优秀的地方景观规划可以提供研究区域内有关自然和环境的所有重要信息，还有助于评估城市发展过程中环境与空间的兼容性问题（Schröder et al，2016）。而且，它还为自然和城市绿地的保护、养护和发展设定目标与具体措施。

从关乎自然平衡、生态系统服务和生活质量的角度上来看，城市层面的景观规划从空间上为城市长期而可持续的发展提供了政治上明确而合乎法规的概念。除了诸如物种、生境、水、土壤、气候和休憩娱乐等传统议题之外，地方景观规划还可以应对诸如城市中的"绿色"和"灰色"的包容发展问题（即所谓的双重城市发展）（Böhm et al，2016）、健康、城市绿地供给和可达性等挑战。

最后一点，我们需要理解地方景观规划并不是一成不变的法典，而是一个对当前和未来各种问题和挑战作出积极应对的综合性工具。因此，地方景观规划也一直处在升级和不断发展的过程中。

环境（影响）评价

欧盟的法令要求制定相关项目决策前一定要充分考虑其对环境产生的影响、后果和意义。公共规划和计划、法案也必须要进行战略环境影响评价。为了应对和满足空间发展的环境要求，区域和市级土地利用规划必须要进行环境影响评价。

非法定手段

除了法定手段和方法外，非法定的手段也被用来解决城市发展中的一些具体挑战。通过这些志愿性质的规划和方案，市政当局就可以更好地致力于解决个体性问题。尽管没有法律约束力，这些非法定手段也有着自己的优势：可以解决具体的问题而无须遵循法律上严格的议程和程序；可以强化多部门、多尺度和不同利益相关者间的合作。通过广泛（公共）的讨论，可以确保获得广泛的理解并最终获得支持。

特别是涉及有关多部门职能重合的绿地问题也可以用非法定方法解决，因为在德国没有正式手段可以明确地解决这些问题。相应地，一些城市正在编制专门的绿地发展策略方案（Rößler et al, 2016）。例如，有些城市专门编制了定制城市生物多样性策略以解决城市栖息地和物种多样性的需求（见2.2）。此外，绿色空间开发也被看作是复合型城市发展理念的一个重要组成部分（Bläser et al, 2012）。

4.1.3 城市绿色空间开发的经济学手段

贝恩德·汉斯于尔根（Bernd Hansjürgens）、周弘轩、常江、胡庭浩

城市中不同的利益相关者对于可利用空间有着不同的兴趣和打算。鉴于城市地区复杂的背景和规则，一般情况下，他们都会选择对自身利益最有价值的方案（Droste et al，即将出版）。在此背景下，利用经济手段创造诱因或许可以改变这种状况，并最终刺激行为主体选择另一个看起来最适合他们的方案。例如，对直接将雨水排入下水道进行收费可以从侧面减少城市地表过度硬质化，进而促进城市绿地系统的发展（Rüger et al，2015）（参看框4.1和3.3）。同样的道理，向自然排放任何废水也会收取费用（Geyler et al，2014）。

大体上讲，在促进城市地区绿色空间营造上，主要有两种经济手段。

基于价格的经济手段：以价格（常以税费或补贴的形式出现）的手段，通过提高有损环境行为的成本或者通过补偿城市绿地建设的（额外）成本来激励或抑制某些特定的行为。举例来讲，城市可以对破坏绿地的建设和开发行为进行收费，也可以对有利于提高城市生态系统服务的做法进行奖励和补偿（如对屋顶绿化和垂直绿化进行奖励）。对现有收费制度（如水服务费）或者加收新费用（如征收城市水费）进行以激励为导向的

设计也是这种基于价格的经济手段的应用体现。本质上，收费的目的是平衡利用生态系统服务的价格，让价格充分反映其供给成本。上文中提到的水服务收费通常都是基于成本回收原则。在过去，这些费用常常只包括在为使用者提供水的过程中产生的"技术成本"（如投资、运营和养护成本）（Gawel，1995）。但是，至少在原则上仍有将环境和资源成本纳入其中的余地（Gawel，2016）。

框 4.1　废水分置费——德国提高生态系统服务的市级财政手段
（玛蒂娜·阿尔特曼）

覆土指的是用人造非渗透或者半渗透材料将土壤进行覆盖的做法，其对于生态系统服务供给有着极强的影响。由于覆盖材料和覆盖强度的差异（如混凝土铺面和草地铺面的差异就很大），覆土在降雨时会破坏天然的水循环，干扰自然的降雨径流，雨水转而流入地下排水系统，这虽然降低了洪涝与河水暴涨的风险，但也降低了土壤自然过滤、存储和补给地下水的功能。因此覆土行为对生态系统的调节服务（如雨水径流调控）和供给服务（如淡水补给）形成了威胁。

为了鼓励居民减少住宅覆土和使用半渗透材料，德国市政当局实施了废水分置收费。通常，废水处理产生的费用是基于淡水消耗计算产生的，对雨水处理相关的费用则忽略不计。雨水处理成本又是基于流量系数 (Ψ) 计算得出。因此，雨水径流率取决于表面结构（表 4.2）。各种表面类型的流量系数由于其开发类型不同而各不相同。

为了更容易地计算废水分置费，德国慕尼黑根据相似地表构筑物类型对其市区进行了分类，并给每一类都设定了地区流量系数（表 4.3）。将房屋面积和对应组合类型的流量系数相乘，可以得出该建筑的废水分置量，再乘以废水分置费率（目前是 1.30 欧元 $/m^2$），即可得出需要缴纳的废水分置费。慕尼黑城市污水处理厂 2012 年提供的信息，居民每年均需缴纳废水分置费，如果与流量系数相关的有效面积不超过 400m^2 或者比设定费用面积低 25%，居民可以要求单独计算并减少费用（Municipal Sewage Works of the City of Munich，2012）。因此，废水分置费的设置是鼓励居民保护生态、提高生态系统服务的货币金融手段的典型案例（还可参见 **3.3**）。

根据 DIN1986-100：2002-039 的流量系数   表 4.2
（Wessolek et al，2014）

覆盖类型	流量系数 / Ψ
非渗透表面	
屋顶＞3°斜坡	0.8～1.0
屋顶＜3°斜坡	0.8
砾石屋顶	0.5～0.7
延伸型绿化屋顶，厚度＜10 cm	0.5
混凝土表面	0.9
半渗透表面	
预制混凝土石	0.7
铺筑过的表面，其连接部分＞15％	0.6
水结覆盖	0.3～0.5
塑料布、带有排水的人工绿化	0.6
草坪	0.3
透水表面	
公园和植被区	0.3
砾石、细砾	0.6
铺草的车道和车库	0.15

德国慕尼黑地区流量系数   表 4.3
（Municipal Sewage Works of the City of Munich，2012）

组合类型	地区流量系数 / Ψ
独栋住宅和联排住宅	0.35
紧凑的联排住宅和线状开发区域	0.50
市中心外围密集的住宅开发区	0.60
市中心和高度覆土的商业区等建筑密集区	0.90

　　政府间的财政转移是司法管辖区内的一种特殊"价格"形式。各种费用和税金为私有土地利用者们创造了激励诱因，而不同的州司法管辖区之间不同的税金标准则为政府决策者提供了激励。通常，财政转移是基于社区的人口数量和财政收入本身进行的，这样可以激励社区努力提高居民数量，也可以进行土地开发以使房价控制在低位。如果将一部分税收按照生

态标准进行分配，这可能会激励社区进一步完善绿色基础设施和基于自然的解决方案。

基于数量的经济手段：与基于价格的手段不同，定量手段会直接限制影响自然的开发活动，如设定可供开发的绿地最高上限。在确定了开发总量的前提下，这些开发权可被拍卖或者免费分配给潜在的开发者。开发权一旦可被交易，就可以保证开发是具有成本效益的，因为土地所有者显然会权衡开发的投入和所能获得的最高净效益。但是，如果想通过这种运营机制来实现对绿色基础设施某些方面的针对性保护，就需要借助到土地利用分区来完成（Schröter-Schlaack，2013；Santos et al，2015）。

中国绿色空间开发的经济手段

在中国，环境资源法规和其他有关法规政策文件中均有实施环境经济政策与经济手段以保护环境和资源的内容。例如，"强调将环境和自然资源整合到国民经济核算体系中"，"税收政策在综合决策过程中起着重要的作用"，"环境与资源的保护与利用政策要同部门发展政策及宏观经济政策相结合"，"经济手段与命令控制手段的结合"和"谁污染谁治理，谁开发谁保护"的责任原则等（Xie and Song，2014）。

在绿色空间保护和营造方面，经济手段主要以环境补偿的形式加以实施。中国生态环境补偿实践始于 20 世纪 80 年代初，最早针对采矿业对生态环境的影响征收植被及其他生态环境破坏恢复费用（Zhang，2005）。1996 年国务院提出要按照"污染者付费、利用者补偿、开发者保护、破坏者恢复"的原则，开始建立有偿使用自然资源和恢复生态环境的经济补偿机制。对森林生态效益的补偿是执行较早并广泛开展的一种以经济手段保护与营造绿色空间的方式。1998 年，中国设立森林生态效益补偿基金，用于提供生态效益的防护林和特种用途林的森林资源、林木的营造、抚育、保护和管理。2000 年颁布实施的《中华人民共和国森林法实施条例》规定："防护林和特种用途林的经营者，有获得森林生态效益补偿的权利。"2001 年中国试行森林生态效益补偿基金制度，国务院划拨生态效益补偿金 10 亿元用于补偿森林生态环境资源保护（Zhou and Zhao，2014）。

在城市范畴下，绿色空间的建设由政府专项资金支撑，严格按照土地利用总体规划、城市总体规划和城市绿地系统规划中的理念及指标执行。根据相关规划内容和国家与地方城市规范，政府将发布绿地设计与建设的招标信息，由企事业单位公开竞标并建设落实，最终由地方政府验收建设成果。在城市绿地的养护方面，主要依赖政府行政主管部门，如园林局、林业局等。具体的养护管理模式包括三种（Li，2010）：

1. 事业单位管理模式，即城市园林绿化养护由政府绿化主管部门下属的绿化所或绿化队全面负责，经费实行财政核拨管理。

2. 市场化管理模式，即通过招标方式，将绿化养护工作承包给有资质、专业化的企业，绿化主管部门只起管理、监督、考核作用。

3. 双轨制管理模式，由于体制和经费原因，市场化管理、事业单位管理二种模式同时并存。

在中国的大部分城市，市场化管理模式已成为城市绿色空间养护的主流方式（图 4.4）。

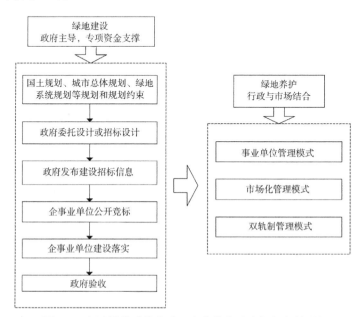

图 4.4 中国绿地系统的建设和养护体系（胡庭浩制图）

由于土地利用性质受到国土规划和城市总体规划的严格控制，在城市尺度下，对立体绿化（屋顶绿化和垂直绿化）的奖励与财政补贴成为增加城市绿色空间的重要激励手段。虽然中国在国家层面尚未出台有关屋顶绿化的相关补贴和鼓励政策，但很多城市将发展城市立体绿化作为发展社会绿化、增加城市绿色空间的重要方式。上海是中国第一个将屋顶绿化写入地方性法规的城市。在上海，花园式屋顶绿化面积补贴为 200 元 /m²，组合式屋顶绿化补贴为 100 元 /m²，草坪式屋顶绿化补贴为 50 元 /m²，对于单个绿化示范项目最高可补贴 600 万元（框 4.5）。在北京，政府出资给予屋顶绿化建设部分 50 ～ 100 元 /m² 的补助，政府对实施立体绿化的项目单位采取以奖代补的政策，在屋顶种植 1m² 绿化，可以折算地面 3 株植树任务，补贴 50 元 /m²（Zhu et al，2011）。在成都，12 层楼以下、40m 高度以下的中高层和多层、低层非坡屋顶建筑必须按要求实施屋顶绿化。在整体规划层面，屋顶绿化单独成篇并入绿地系统规划，纳入成都城市总体规划（Deng et al，2010）。

4.2 提升城市绿色空间与生物多样性的途径

拉尔夫 – 乌韦·思博、常江、胡庭浩

绿色基础设施建设必须具有前瞻性。自然的发展演化需要时间保证，但相对而言，绿色空间相关规划的时效性又往往较短。因此，在具体规划和项目落实之前，利益相关者们必须要对自己的目标和制定的措施有一个明确的认识。要想实现区域绿色网络形态与功能的完整，就必须尽早地对一些关键的绿色节点进行保护。

在完整的生境网络初露雏形之前，必须要通过规划手段进行大量的工作。只有在所有相关者的利益和观点达成一致的情况下，城市绿色空间的质量才会逐渐提高，以应对城市中的房地产开发、交通、住宅、工业开发建设所带来的压力。

　　本节力图为中德两国城市的绿色基础设施发展提供一个可供参考的指导方针，同时还列出一些现有较为成功的案例。随后的 **4.3** 节将对本节中扼要提及的一些示例进行深入细致地阐述。

　　为了提高生物多样性，德国的业界人士给出了下列改善城市绿色空间的具体做法（Gärtner，2015）：保护城市绿色空间不受房地产开发或者其他开发的影响，减少或放弃使用农业化学品和人工草皮，使用本土植物和种子，倡导花园养护与自然的和谐统一，用天然草地替换人工草皮。城市绿色基础设施应该包括多样化的生境和土地利用类型，其强调将私人和公共的绿色空间结合起来，给予所有人以接触"绿色"的机会，同时也为野生动物提供自由活动的空间。城市绿色基础设施元素的多样化组合反映了城市周边乡村地区的生物多样性，这不仅尊重了自然的演化过程，同时也反映了人类的创意思维。中国有着悠久的公园、园林以及相关类型城市绿色空间的设计历史。中国古典园林和类似景观布局作为中国城市绿色空间的重要组成部分已有将近两千年的历史。这些园林的设计理念基本上是基于道教、儒教和佛教中和谐与美的哲学观点（Ignatieva et al，2015）。中国的绿地设计精致，对公众开放的城市公园甚至被看作是新时代中国城市的标志和象征。起初，这些被称为"公园"的绿地前身大多是皇家园林，经过些微的改造后向大众开放。不过近年来，在中国快速发展的城市化进程中出现了一些以现代景观建筑为特征的多功能公园（Küchler and Shao，2017）。然而，这些公园很少靠近自然或者与自然相连。

　　实际上在中世纪时期，欧洲统治者就吸收采纳了中国的园林设计思路、植被选择和建造工艺。直到今天，中国园林中的高密度设计特征和人工设计依然独立于世。与此同时，欧洲和苏联的设计元素也同样被引入中国。在欧洲和美国绿色空间中常见的城市亲水类运动（如帆船、游泳、潜水）在现今的中国非常少见。城市中的自然和荒野概念在拥有悠久历史文化传统的亚洲城市中也显得十分新颖。

　　总之，绿色空间对于中德两国的意义迥然不同，因此两国可以在下列议题上互相借鉴学习。

4.2.1 丰富城市绿色空间的手段与方法

由于每一个城市具体情况不同，实施和优化绿色空间的方法也各自不同。因此，目前可用的落实方法也相当丰富。诸如公园、园林、花园、院落、街边绿化、城市草地、耕地和森林、运动场、墓地等绿色基础设施的经典要素都属于城市规划和绿地设计的标准项目，受篇幅所限本书无法对其进行全面的研究。

但是绿色空间还涵盖了近自然遗迹、宗教场地、历史古迹、人工设施、娱乐休闲场地以及杂草丛生的垃圾场、荒地、灾害废墟或者废弃地。因此，即使在快速发展且空间受限的城市中，用以丰富绿地的方法也不胜枚举。本节主要关注那些绿色空间设计的经典类型和方式，下面给出了主要的可能性，更多细节描述可以参看 4.3 节的案例研究。

城市生物多样性热点——自然保护核心区

许多城市都有原生或者近自然生境。作为城市景观的遗迹，山脉、森林、湖泊、泛滥平原和峡谷可能并没有受到城市发展的影响，并由此成为一个城市所独有的特殊区域。这些地区是最为宝贵的自然资产，必须对其进行保护以免受城市发展和交通的影响。一些城市为其拥有的宝贵自然景观而自豪，并且很庆幸其并未受到人类活动的过度干扰，如徐州的山林或者莱比锡的漫滩森林（图 4.5）。

连接城市住区和景观的动物迁徙与游憩绿色网络

现在生活在城市的人们喜欢把车停在车库，然后独自或与家人一起（或是和宠物狗一起）徒步进入周边的绿地进行休闲或锻炼。因此，现代城市不仅需要由街道和铁轨构成的灰色基础设施，还需要可以曲径通幽的绿色基础设施，即：由彼此相连的生境和曲径构成的一个替代系统，其可以提供很多有形和无形的附加值：为野生动物提供迁徙路径、净化空气并

图 4.5 莱比锡的漫滩森林：德国莱比锡市特有的近自然遗迹
© 拉尔夫 – 乌韦·思博

提高其他生态功能。

沿河和溪流的绿色连接

为了与城市河道建立新的联系，城市可以通过一些创新手段对之前被破坏的或者忽视的河流进行修复（Georgieva，2015）。城市规划者、景观设计者和整个社会都有责任及义务改善河道与河岸的自然环境。为了自然和人类福祉，应该重新对河道进行设计。沿河的绿色廊道可以作为蓄洪区和生态网络的主干。一个常见的方法是重新开发利用沿河废弃工业建筑并对其阁楼住宅进行修复，重新引水入道以提高周围区域的生活质量。除此之外还可以将河岸带改建为新的绿色空间（图 4.6）。

不管使用哪种手段，将河道重新纳入自然的设计和规划都应注重质量，并满足居民的需要。在中国，河北省秦皇岛汤河公园是著名的案例（框 4.2），另一个来自亚洲的案例是完工于 2012 年的新加坡加冷河——碧山公园。加冷河公园改造项目的初衷是提高加冷河的蓄水量，但同时也丰富了绿地的功能。此项目以"再给河流一个生态空间"为愿景，改造了一条原本以工业利用为主的运河，从而使得整个河道都能对游人开放。同时，项目利用运河周边拆除的工业设施和废料堆成一座人造假山。在山顶，人们可以鸟瞰整片近自然区域以及城市环境。这个项目的改造使得人们可以与水亲密接触，彼此互动。它通过公园内诸多的休闲活动和运动项目把之前彼此分隔的社区连接起来。

图 4.6 徐州市中心的滨水绿化 © 拉尔夫 – 乌韦・思博

框 4.2　秦皇岛市汤河公园（Georgieva，2015）

　　秦皇岛市汤河公园也被称为"红丝带公园"。由于汤河两岸没有受到太多城市发展的干扰，而公园的出现恰好满足了城市对公共绿地日益增长的需要。在公园修建以前，这里是沿海小镇的垃圾场，也存在大量的棚户区，使得城市环境和治安十分糟糕。公园的主要设计理念是以一条"红丝带"的形式贯穿整个公园，将公园内的照明、休憩座位和木板路整合在一起，旨在保护自然生境的同时创造休闲活动的条件。项目自 2008 年完工以来，周边环境得到了质的改变，同时也吸引大批居民到附近买房定居。红丝带公园响应了自然和公众的双重需要，为二者之间的互动提供了安全的场所。

围绕密集居住区的城市绿环

如果一个城市区域的建筑密度过高而导致绿色空间的开发受限，那么在此城区外围就应该规划建设环状绿带以弥补或部分弥补城市缺失的生态功能。同时，绿带也可发挥连接城市中心区域和乡村区域的纽带功能。城市环路、工业废弃地和城市重建区都可以作为城市绿环建设的出发点或者重要节点。一个城市外围建设良好的环状林带能够发挥重要的作用，甚至在一定程度上可以提高邻近住宅区的价值。中国上海市就是在特大城市实施城市绿环绿化的典范之一（见 **4.3.3**）。

将棕地重新设计为绿地

即使是在一座异常繁荣而发达的城市，也一定会有棕地和无法即刻使用的休耕地出现。城市管理者应该整理汇编上述地块并充分了解现状，一来可以为未来的使用制定计划，二来也可以为潜在的投资者提供必要的信息。良好的城市棕地管理体系不仅可以减少不必要的土地浪费，还能为发展城市绿色空间创造契机。如果一块城市棕地无法被马上利用起来，一种折中的方案就是将其恢复为城市绿地。无须过于复杂的技术手段，一块休耕地便可以改造成为暂时性的社交场地、公园、提供生物能源供给或调节区域气候的灌木林，或至少可作为临时性的自然生境（Mathey et al，2015）。

采矿迹地和棕地的绿色升级

矿产资源开采是一个景观动态变化的过程，随之带来环境影响以及社会重组，即使在几十年后，矿区资源枯竭，开采作业停滞，矿区的使命和发挥的作用仍会继续。目前世界上所有矿区在资源枯竭后的迹地景观是很相似的（Wirth and Lintz，2007）。矿业往往会造成相当大的环境恶化并严重影响区域生态系统服务的提供。但是，采矿迹地这样的受损生态空间其实有着巨大的生态潜力。由于长期废弃闲置，人为活动干扰减弱，生态系统处于自我恢复及自由发展的状态，反而形成一些新的具有较高生态潜力的重要区域，为许多在其他地区生存受到威胁的物种提供了生存空间，也为丰富矿区的物种奠定了基础（Chang et al，2011；Feng et al，2016）。农林用地是世界上最普遍的采矿迹地生态恢复目标，将采矿迹地恢复为农地及林地实现供应服务功能，农林用地为人类提供了食物、木材等自然资源，是人类社会发展的基础。在采矿迹地上建立野生栖息地和自然保护区是充分尊重场地自然力量，保护其自然演替过程的结果，对丰富区域生物多样性有积极作用。在德国勒韦尔卢萨蒂亚（Lower Lusatia）露天褐煤开采地区，约15%的陆上废弃地被划定为自然保护区，这种生态恢复途径在发达国家较为普遍，而中国单纯将采矿迹地作为自然保护区的并不常见。与城镇空间毗邻的采矿迹地常常被作为公园、体育场、高尔夫球场、钓鱼水域等休憩用地，承担了更多的社区服务及文化娱乐功能。在德国鲁尔区，自1923年鲁尔煤区社区联合会（SVR）提出"区域公园"概念，到1985年鲁尔区地方联合会（KVR）提出"鲁尔区开敞空间体系"规划，创建和维护开敞空间网络一直是鲁尔区各方努力的目标。在中国，越来越多由塌陷地修复成的公园成为众多市民游憩、运动、休闲的最佳选择（框4.3）。

框4.3　中国徐州的潘安湖湿地公园（常江、胡庭浩）

潘安湖（图4.7）位于中国徐州，由大面积连续采煤塌陷地构成，总面积为15.98km²。自2008年以来，采煤塌陷地的生态恢复就成为徐州城市建设的一项主要任务。为了实施潘安湖地区生态恢复工作，徐州市建立了一个集"基本农田整理、采煤塌陷地复垦、生态环境修复、湿地景观开发"四位一体的建设模式。

在2011年，潘安湖启动了景观绿化与恢复工程。经过两年的综合整治，完成回填土方4.3 km²，形成汇水区并构成潘安湖连续水面，在新形成的潘安湖水面西部及东北部栽植水生植物0.8 km²，并种植乔木100余种，地被200多个品种，水生植物300多个品种。除观赏树种，还有大量的生产植物，如山楂、菱角、枇杷、石榴、樱桃、柿子等，在营造广阔无垠的湿地景观的同时，满足游客且赏且玩的要求。截至2015年底，潘安湖湿地公园接待游客超过360万人次。它的建设展示了如何变"负担"为"优势"。在此举办的一系列大型公共活动，如：国际音乐节、长跑比赛、影视剧的拍摄等也极大地丰富了市民的生活。

图4.7 潘安湖湿地公园和游客 © 胡庭浩

绿色立面和绿色屋顶

绿色屋顶和绿色立面可以在一定程度上通过遮蔽建筑物表面或在建筑围护上形成一道额外的隔离层来减少人们对于空调或者供暖的需求。绿色立面的美学效果已经广为人知，因此使用广泛。尤其是在南欧，如图4.8中所示的意大利案例。绿色立面和绿色屋顶通过吸收雨水在一定程度上缓解城市洪灾发生，也可以减少城市中的雨水径流，进而降低城市中非建筑表面的土壤流失。在德国许多的城市，绿色屋顶可抵消部分的雨水排污费。

图4.8 意大利西尔苗内（Sirmione）的绿色立面 © 拉尔夫 – 乌韦·思博

　　屋顶和墙体立面的植被可以通过气体交换来降低城市中的空气污染。立体植被（爬满常青藤的墙体）所产生的绿色屏障可以吸收二氧化碳，释放氧气并吸收沉积在叶面上的颗粒物（框4.5列出了上海市的垂直绿化实施情况）。

4.2.2　提升绿色基础设施功能，改善人民生活

拉尔夫 – 乌韦·思博、常江

　　城市绿地类型当中最常见的莫过于公园了，表现形式多为小型园林或者开阔的林地，草地和路边长凳间杂其中。城市绿地的休憩价值不仅仅取决于其视觉美，还受到可及性、可用性、安全性、静谧性和空气质量的影响。除了提供野餐、游乐、散步和休息沉思的场地外，城市绿色空间还应该满足一些其他需要。通过实施多功能绿色基础设施规划，可以实现多种生态系统服务（Hansen and Pauleit，2014）。

　　绿色基础设施以其多功能性为基本特征。一块绿地可以提供很多种功

能，这些功能有时候相互影响，有时候也会相互补充。而难点就在于如何积极发挥协同效应，而避免生态系统服务间的权衡与折中。随着绿色空间相关政策的完善，其在促进社会结构改进，以及需求和功能方面的作用将会继续提升。绿色基础设施的每一部分都有着自己的历史和个体性，但结合成一个整体就会产生新的功能和价值，进而提高城市生活质量。绿色基础设施应该如何构建？其设计内容应该包括什么？对于绿色城市而言其具有哪些功能？这些问题，下面的内容给出了一个大致的结论。

休闲、健康和运动

在公园等绿色空间中，即使面积狭小或完全由人工设计，也可以设置各类型娱乐休闲设施。绿色环境中的锻炼和娱乐设施多种多样：在德国城市中较为常见的有慢跑小径、直排轮滑道和滑板道；中国的公园里常有一些户外健身设施（图4.9）。出于安全考虑，当绿色空间中的骑行活动较为频繁时，应当将其与其他道路分隔开来。攀岩墙、极限运动场地也是每一座城市必不可少的娱乐设施，尤其是对于喜爱运动的年轻人而言。规划者也应该考虑适宜绿色空间的冬季运动。如果气候情况允许，具有丘陵特

图4.9 上海市中心小公园内的健身区 © 拉尔夫－乌韦·思博

征的公共绿色空间可以考虑建设一个可供滑雪的草坡（坡底开阔安全，没有街道或河流）。在温暖的季节，喷泉和街旁的直饮水可以为游客提供舒适和凉意。所谓的"克奈圃园林"是德国十分流行的公园形式，其提供了让人们直接接触冷水的机会从而增强免疫力，在炎热的夏季还可以提供清凉。塞巴斯蒂安·克奈圃（1821—1897年）是德国自然疗法的创建者之一，以其特殊的水疗而闻名遐迩。水疗，顾名思义即利用不同温度、压力和溶质含量的水，以不同方式作用于人体以达到防病治病的目的。

"健康是人在生理、心理和社会适应的完美状态，而不仅是没有疾病和不虚弱。"（WHO，1946）绿地对人类健康的影响是多方面的：里特尔等（Rittel et al，2014）提及了身体、社会、心理、美学和象征等方面的益处。但是城市绿地有时候也会对人类产生危害性影响，应该通过绿地的设计和养护尽可能地予以规避。人们对于花粉，尤其是桦树、杨树的花粉以及霾引起的过敏性疾病已经被大众熟知，但是对豚草（*Ambrosia artemisiifolia*，在欧洲，更为危险的过敏源）和大猪草（*Heracleum giganteum*，一种光毒性风险植物）的了解尚不充分，而大猪草极易入侵管理不善的绿地。

绿地空间发展应把目光聚焦于如何保护人类健康不受负面作用（噪声、空气污染）的影响，并通过改善城市绿色空间的美感和休憩可达性来更直接地促进人类健康。总而言之，确保白天不受交通和工业噪声干扰，夜晚远离人造光源来欣赏美丽星空是城市绿色空间的重要价值体现。而后者——自然的黑夜区（指不受人造光源污染的绿色空间）——对于敏感的动物和人群，以及天文爱好者都有着非凡的意义。

在欧洲，绿地是社交场所，而在中国更是如此。在欧洲，公共篝火区已被广为接受，它们可供游人免费使用，同时由于特殊管理机制也减轻了人们对于安全和环境问题的担心。强化特殊功用绿色空间的宣传，以及提高绿地可达性和市政管理（包括清洁控制和警方保护）将大大提高公民对于绿色空间的认知，进而提高城市的生活质量，营造良好的城市氛围（框4.4）。

框 4.4　德累斯顿市易北河畔的烧烤区和营火区（拉尔夫－乌韦·思博）

德累斯顿市政府划定出一些专门用于烧烤和营火的地区。为了保护自然和预防火灾，只有在这些地方才允许点燃篝火或进行烧烤。在图 4.10 中标注出了这些篝火点的具体位置并对其进行了必要的说明。所有这些地点都拥有优美的环境并对地面进行了特殊铺装。任何人都可以在这些地点点燃篝火和烧烤，但是点火前需要进行登记备案。这条规则旨在防止出现：很多人想在同一地点同时进行营火活动，而其中一组人被迫挤出规定区域。

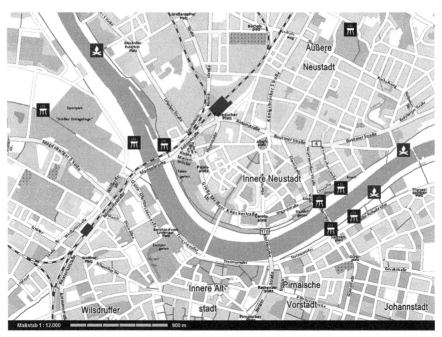

图 4.10　德累斯顿市允许烧烤 🎋 和营火 🔥 区域在主题城市地图上的位置
图片来源：http：//stadtplan.dresden.de/（S（5zgmykfw3hipyvximwjqoapg））/
spdd.aspx?TH=UW_LAGERFEUER_GRILL

面向老年人的绿地

在中国，城市的公园绿地对老年人具有特殊的吸引力（Hu and Shen，2014）。对于大多数老年人来说，衰老带给他们的最大障碍不是生理上衰退造成的生活与行动不便，而是心理上由于退休导致的人生角色转变与自我认知模糊（Hu et al，2016）。城市的公园绿地已经成为老年人的重要活动场所，是老年人休闲、运动、聚会、聊天和举办各类活动的重要活动场地（Hu et al，2016）。在中国徐州，60 岁及以上的人口达到了 160 万人。

徐州市云龙公园始建于 1958 年，是徐州历史上第一座大型城市综合公园，公园于 2007 年 9 月进行了大规模改造。考虑到老年人的身体和心理特点，公园在整体设计上秉承了开放式、无障碍的设计理念，极大地方便了老年人和行动不便者。公园道路系统分为三级，一级路采用无障碍设计，可供轮椅、非机动车辆直接驶入公园；二、三级路则以毛细血管式分布于公园各个景点之中，密而不乱，通达性较强。一级路边设置有充足的休憩长椅，景点石阶处都漆有黄色警示条防止游客摔伤。公园中有许多广场供老年人打太极拳、舞剑和跳舞。云龙公园已经成为徐州市老年人的一个重要聚会场所（图 4.11）。

图 4.11 徐州市的云龙公园为老年人们提供了一个理想的锻炼、交流和活动场所 © 胡庭浩

面向儿童的绿地

城市绿色空间对于城市中的每个家庭而言都应该是安全并且可用的（图4.12）。除了老年人之外，还需要特别关注儿童和青少年的需求。由于他们的身体机能、意愿和需求时刻都在发生变化，因而需要有不同类型的设施和创意性设计元素以满足他们的需求。其中最基本的配置方式是木质结构的游乐设施配以舒适的休憩座位。这可以在为孩子们提供活动场地的同时也为他们的父母、祖父母或兄弟姐妹们提供休憩场地。沙坑、浅水池、木围栏和蹦床都是非常受欢迎的设计元素。此外，可以玩捉迷藏的花园或者迷宫都能激发孩子们游玩的乐趣和想象力。柳树屋和绿草掩映的小路就是"基于自然的解决方案"中优秀的做法。值得推荐的还有常被称为"自然体验区"的设计，在那里孩子们可以捉迷藏、做游戏、建造自己的小水坝（Pawlikowska-Piechotka，2011；Wolch et al，2011）。例如，长满果树和杂草蔓生的废弃花园就可以改建为自然体验区，只需要极低的养护费用就可以给孩子带来藏身、攀爬和建造小屋的种种乐趣。

图4.12　湖泊和河流可以成为孩子们了解自然的趣味场所 © 胡庭浩

绿色空间中的交通

在社会需求、经济发展和绿色基础设施协同发展方面的一个杰出案例就是绿色（生境）网络中人行步道和骑行道的设置。绿色空间中的人行步道和骑行道不仅仅能为人们提供出行乐趣（图4.13），一些诸如地下通道、过街天桥等捷径，或者景色优美、机动交通较少的小路还可以激励人们选择非机动交通出行方案。在大城市中，沿着街道两侧骑行有时会非常危险，受机动车尾气侵扰，而且非常无趣，而绿色出行替代方案会更容易让人接受。柏油主路和无障碍步道（专门针对婴儿车、轮椅、轮滑者、骑行者、电动代步车）对于残疾人士也可方便使用，即使在冬季也很安全。考虑到寒冷的季节，有些地区还需要进行铲雪去冰等工作。如今，绿色出行的租赁站点（自行车、电动自行车、电动代步车、手推车）在很多城市已经非常普遍而且广为市民接受和欢迎。在将来还可以把太阳能充电站纳入规划中来。

图4.13 物种保护（古树、石冢）区、步道和骑行道鼓励人们绿色出行
© 拉尔夫－乌韦·思博

绿色艺术和文化

城市绿地为人们在其中开展各种各样的活动提供了无限的可能性。每一个大公园都应该在绿地中间设置一个舞台或活动平台，为音乐、舞蹈表演和聚会提供场地。木质园艺小品和长椅是人们最喜爱的元素，它们常常

来自于某些工艺竞赛或者展览。其他诸如音响装置等工业展或艺术展的遗留展品或装置也可以成为公园的文化元素，这在美国的一些城市中非常常见。在亚洲和欧洲的城市，也可考虑这种方式为绿色空间增加艺术和文化氛围。

4.3 个案研究

本节通过中德两国的个案分析，介绍上述规划方法和绿色城市元素是如何被落实的。一些城市找到了独到的方法，将几种方法结合起来，并取得了不错的效果。当然这些个案分析并不是对城市的现状进行全面细致的解释，而是挑选了它们在绿色城市建设中的亮点进行分析。

4.3.1 北京：以提升城市生态服务为宗旨

谢高地、张彪

中华人民共和国首都北京位于华北平原西北边缘，北有军都山，西有西山。北京全市土地面积16408km²，其中62%为山地。北京市下辖16区（西城区、东城区、石景山区、朝阳区、海淀区、丰台区、房山区、大兴区、门头沟区、通州区、顺义区、昌平区、平谷区、怀柔区、密云区、延庆区）。

北京为暖温带半湿润大陆性季风气候，年平均气温11.5℃，年降雨量为554.5mm，其中80%集中在6—9月。在过去的10年间，干旱、洪涝和高温等极端天气和气象灾害频发。在全球变暖的背景下，北京市的气候呈现出平均温度上升、平均降雨量和径流量减少、高温天气增多以及霜冻天气减少的特征（Wang，2008）。

2012年北京的人口约为2070万，人口平均密度为1260人/km²。北京的道路网络由作为其主动脉的环路和放射路组成。各环路根据其距市中心的距离依次是二环、三环、四环、五环和六环。北京城区面积从 1973 年的 183.84km² 增长到 2005 年的 1209.97km²；建成区面积在过去 32 年间增加了 1026.13km²，年增长 32.07km²（Mu et al, 2007）。官方统计数据显示北京的建成面积从 1949 年的 109km² 增长到了 2009 年的 1350km²（中国国家统计局，2009）。

北京的城市绿地

2009 年北京绿地总面积为 61695hm²，其中 29.3% 为公共绿地，13% 为附属绿地，24% 为防护林，12% 为住宅绿地，19.7% 为街边绿地，剩余的 2% 为生产型绿地。如图 4.14 展示了基于 2000 年、2005 年、2008 年和 2010 年 RapidEye 图像数据的北京城市土地利用类型空间分布图（Zhang

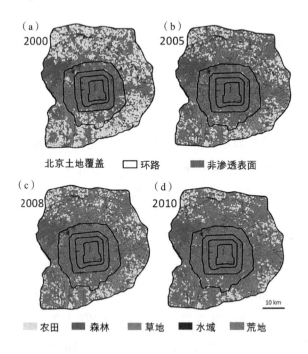

图 4.14 从 2000—2010 年研究区域的土地利用类型图：(a)2000 年土地利用类型以农田为主导；(b)2005 年农田面积减少，而森林和草地面积增加；(c)(d)2008 年和 2010 年土地利用类型变化不明显 © 谢高地，张彪

et al，2015）。

如图 4.14 所示，城市核心部分的土地覆盖类型多而密集。硬化地表占据了大部分面积，紧跟其后的是农田和森林。2000—2005 年观测到的最大净损失土地类型是农田（-295km²），而最大净增长是森林和草地部分，其中大多数增长都来自农田的损失（表 4.4）。2005—2010 年最大的损失土地类型依然是农田部分，面积损失约为 2000—2005 年损失量的 1/4，森林面积也有大幅减少。与 2000—2005 年不同的是，2005—2010 年最大的用地类型增长来自于硬化地表，净增 142 km²。前期城市用地类型增长大多是以农田减少为代价的。整体而言，2000—2010 年大量的农田和水域被硬化地表所取代。草地和森林面积的增加多是从农田和棕地中置换的。

北京 2000—2010 年间城市土地覆盖面积的变化 /km²   表 4.4

土地类型 年份	森林	草地	农田	荒地	水域	硬化地表	绿地
2000—2005	135.20	91.96	-295.09	2.13	-11.56	77.37	-65.80
2005—2010	-73.40	31.29	-76.35	-14.23	-9.15	141.83	-132.69
2000—2010	61.80	123.25	-371.44	-12.10	-20.71	219.20	-198.49

2000—2010 年北京市绿地面积和景观格局指数的变化如图 4.15 所示。北京城市绿地总面积在 2000—2010 年持续降低。在 2000 年城市绿地面积达到了 1041km²，而到了 2010 年却只剩下 842km²，这表明每年都有大约 20km² 的绿地被硬化地表所取代。城市绿地聚集指数（AI，测量绿地元素彼此连接趋势的景观格局指数）从 2000 年的 92 持续降到了 2010 年的 88。最大斑块指数（LPI，测量最大绿地元素面积的景观格局指数）在 2000—2005 年从 7.5 大幅降至 5.2，而在 2005—2010 年 LPI 继续略有下降。因此，在 10 年间北京城市绿地的景观斑块变得显著疏离和破碎化。

北京城市绿地的关键生态系统服务

北京市生态系统变化和生态系统服务评估是近年来的研究热点，表 4.5 简要综述了生态系统关键调控服务的研究结果。

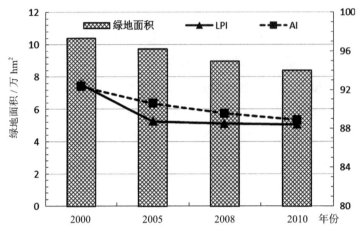

图4.15 北京市城市绿地面积和景观格局指数变化图

2000—2010年北京市绿地面积持续降低；景观格局指数（如LPI和AI）也呈下降趋势（图片来源：在Zhang等，2015年的基础上修改）

北京调节生态系统服务评估   表4.5

生态系统服务	估定价值
降温冷却效果（气候调节）	整个夏季，北京的绿地通过蒸腾作用可以吸收 3.33×10^{12} kJ的热量（平均而言，每公顷城市绿地通过蒸腾作用每天可以吸收 8.35×10^{8} J的热量）。这就可以减少 3.09×10^{8} kW·h的空调用电，每年可以使电厂减少排放24.3万t二氧化碳（Zhang et al，2014；**3.3.1**）
减少雨水径流（水调节）	计算结果显示每公顷绿地可以减少2494m³的雨水径流，总计1.54亿m³的雨水可以被存贮在城市绿地中，几乎可以满足北京市城市生态景观的年用水需求。2009年的总经济效益约为13.4亿元，相当于北京市绿地养护费用的3/4。雨水径流减少带来的经济价值为217.7万元/hm²（Zhang et al，2012；**3.3.2**示例3.1）
减少空气污染	基于卫星图像分析和目前北京中部城市森林特征的田野调查结果，利用城市森林效果模型研究了城市森林对空气质量的影响。研究结果显示在北京中部约有240万棵树，2002年这些树从空气中清除了1261.4t的污染物；清除最多的为 PM_{10}（粒径小于10μm的微粒），减少量达到772t。此外，被城市森林以生物质形式存储的二氧化碳达到了20万t（Yang et al，2005）（见**3.3.3**）

改善北京城市绿地的指导原则

当前的研究成果从政策、实施和理论研究方面（表4.5）为城市绿地开发提供了经验。一个适宜的绿地系统可以提供多样化的生态系统服务，因此在全球气候变化和快速城镇化的背景之下，地方政府和公众需要明确的指导才能更好地认识和管理城市绿地。

首先，城市绿地面积和生态、环境效益（如冷却效应和雨水径流调节）之间确实存在着明确的积极关系。随着北京人口的增加，北京已经建设了更多的绿地，尤其是迎接2008年奥运会期间。由于土地资源的匮乏，大多数新建城市绿地都位于四环以外。北京市政府实现了"绿化带建设项目"（四环—五环之间125km² 绿化，五环—六环之间163km² 绿化）、"三北防护林工程"（2012年植树造林面积5188km²）、"郊野公园项目"（建造4个郊野公园）和"百万亩植树造林行动"（植树5000万株，造林面积为650km²）（Xiao，2015）。

在城市环境中规划更多的绿地是一个很现实的挑战，尤其是当可利用土地资源非常匮乏而发展压力却很大时。此外，一些论著表达了绿地结构特征的重要性，在每一块绿地的结构类型和其生态系统服务之间存在着相当强的相关性（见 **4.2.1**）。

因此，城市的林学家、生态学家和景观规划者在规划、设计和管理城市热岛区域的绿地时应该充分利用这类数据对城市绿地结构进行优化。城市绿地应该是多功能性的，它们的价值必须得到关注。我们应该对提供重要服务的城市绿地给予足够的重视，同时也为那些保护绿地的人们建立经济补偿机制，这样就可以利用政策鼓励对城市绿地结构进行优化。因此，气候变化和城市扩张既给城市绿地带来了威胁，但同时也赋予了它发展契机。城市管理者应该更多关注城市绿地在雨水调控方面的作用，用科学的手段对城市绿地进行管理。

4.3.2 柏林：城市花园的复兴——人与自然和谐相处

玛蒂娜·阿尔特曼

　　欧洲城市花园的起源可以追溯至 19 世纪。城市工业化进程中出现了大量的城市贫困人口，他们无法获取充足的新鲜食物，这就催生了城市园地的出现（Barthel et al，2013；Keshavaraz and Bell，2016）。特别是在第一次和第二次世界大战期间，由于战争和经济萧条的影响，城市食物生产的需要促进了欧洲园地运动的兴盛。城市给最穷的居民出租一小块地，让他们种植粮食和蔬菜以弥补食物生产的不足。因为这种城市花园运动是和贫穷与战争联系在一起的，因此在战后的 1951—1972 年迅速失去了吸引力。但是自 20 世纪 70 年代以来，欧洲的城市园林运动经历一次复兴。主要原因在于人与自然间的割裂日益加剧以及人类活动对自然产生的压力也日益加大。随着越来越多的人认识到如果不能让城市更绿意盎然，那就将无法实现城市的可持续发展，城市花园又一次在欧洲受到越来越多的关注和欢迎（Keshavaraz and Bell，2016）。

　　德国有着悠久的城市花园建设传统，可追溯到莫里茨·施雷贝尔（Daniel Gottlob Moritz Schreber，1808—1861）医生发起的分地花园运动。他最初的想法是通过出租花园为孩子们创造一个可以呼吸新鲜空气和玩耍娱乐的场所。因此，德国的出租花园至今仍被称为"施雷贝尔花园"（Drescher，2001）。德国出租花园的规模从 300 ~ 400m² 不等，这些园地被用作非商业用途的食品作物种植或者休闲。园地中常常建有花棚以存储工具和遮风避雨。此外，出租花园中还有果树、观赏性花卉、草坪和苗圃等（Breuste，2016）。根据《德国联邦出租花园法》的规定，出租地块必须在出租花园地产之内，花园地产通常包含几块出租地块以及附属的房屋和小广场等公用设施。德国的出租花园地产通常是通过出租花园协会进行组织管理，花园租户需向协会缴纳少量的会费用以支付租金给土地所有者。出租花园的土地大多属于公共、私人或教会拥有。在德国城市构架中，出租花园占据了休闲游憩区域中很大的比例。特别是在德国东部，出租花园与城市土地的占比之高并不罕见，如莱比锡的 3.2%，哈雷的 3.6% 和柏林的 3.5%（Breuste and Artmann，2015）。

有人认为没有任何一个大都市可以像德国首都、最大的城市（2014 年的居民数量为 347 万）柏林一样拥有那么多的私人花园：柏林拥有大约 3000hm² 的出租花园和大约 915hm² 的花园地产。这些出租花园中 3/4 属于柏林联邦州所有。出租花园地产的规模从 0.04 万～4.91 万 m² 不等，每个花园地产所包括的出租地块数量从 121～10294 不等。从《柏林出租花园发展计划》（Senatsverwaltung für Stadtentwicklung，2004）中可以看出，出租地块在城市构架中的重要性。出租地块是绿色基础设施的重要组成部分，随着它们被纳入绿色网络当中，将有助于缓解城市气候变化（图 4.16 和图 4.31）。由于出租地块的养护需要民众的参与，出租花园也有助于促进民众的社会参与性和凝聚力。为了提高出租地块对城市休闲的价值，该计划建议向社区开放出租花园地产，这样一来居住在附近的居民就可以充分利用这些地块的休憩区和活动区（Senatsverwaltung für Stadtentwicklung，2004）。目前奥地利的研究表明近年来出租花园的休闲价值日益提升，对于出租花园租户而言，休闲和自然体验功能已经远比食物供给重要多了。出租花园租户还可以利用这些花园给家庭的年轻一代提

图 4.16 柏林（左）和德累斯顿（右）的出租花园 © Robert Bender

供接触自然的机会，如观察野生动物（Breuste and Artmann，2015）。

人们认为出租花园中摆弄花草的通常都是领取养老金的退休者，他们把大部分空余时间都花在了出租花园中，有时还可以和家庭成员一同分享其中的乐趣（Breuste，2016）。但是，随着人们对城市出租花园兴趣的日渐增加，出租花园园丁的年龄也呈现年轻化趋势，这一点从柏林的示例中得到了体现。根据柏林园林之友协会的统计，在过去的 10 年间，出租花园园丁的平均年龄从 67 岁下降到了 56.5 岁。如今很多青年家庭都在申请出租花园，以期为子女创造更多的绿色空间（BZ Berlin，2016）。然而，由于出租花园的申请异常火爆，在 2013 年，柏林有 10000 名居民申请，在 2015 年申请名单上的人数已经达到了 14400 人。但是，2015 年柏林市只有 3106 个出租花园可供分配（BZ Berlin，2016）。

除了传统的出租花园之外，在欧洲包括德国，近年来兴起了城市绿地的合作开发模式。城市居民通过对公共空间的绿化开垦，出现了新型的花园社区。这些花园建设项目的名字也反映了居民对社区的关注，如：社区花园、邻里花园或者跨文化花园。根据对整个欧洲的研究调查表明：社区花园的园丁们在年龄、性别、教育背景或者园艺经验方面有着很大的差异性（Ioannou et al，2016）。但是，在他们将这种花园形式从概念一点点转变为现实，以及其后的养护过程中，他们共同的关注就是环境、团结和人类的健康幸福（Ioannou et al，2016；Rosol，2012）。

同样在柏林，可以发现很多集体形式的花园。例如，柏林大约有74 个跨文化花园（www.anstiftung.de/berlin），其各自都有着不同的关注点，如跨代接触交流。其中的一个例子是柏林市的贝罗利纳代际花园（Berolina-Generationengarten）。花园的规划、开发以及日常养护都是由老年人和两间附近的日间托儿所完成的。此外还有其他的代际花园，包括为老年人提供花园植栽床、无障碍厕所、聚会和美食广场等服务，从而提高人们对这类项目的重视。除了代际接触交流外，柏林的社区花园也可促进居民和特定人群，如难民、残疾人、精神病人、失业者和单亲家庭之间的文化及人际交流。因此花园的功能主要是致力于促进人们对自然的共同体验，了解生态园林知识、社会责任，并将上述内容有机地融合在一起。根据罗索尔（Rosol，2012）的研究，柏林大部分社区花园只种植灌木和花卉，个别情况下也会栽培树木。社区花园更关注给人以环境质量、美学和休闲方面的效益和体验，而并非食物供给。由于城市中的园林空间非常稀少，屋顶也可以利用起来作为社区花园，如柏林的文化屋顶花园（Klunkerkranich，http：//www.klunkerkranich.de/）。通过对停车场顶部的修复改造，该屋顶花园力图使整个城市变得更加"绿色"，从而为解决城市生态环境问题（如城市园林与永续农业、生物多样性和可持续性）创造一个城市居民参与的空间（图4.17）。

图4.17 柏林一个停车场顶部的社区花园 © 玛蒂娜·阿尔特曼

随着现代社会生活方式的改变，在欧洲城市以及世界范围内，诸如私人园地和社区花园等新型花园形式将会变得越来越重要。当涉及城市发展的问题时，城市决策者和规划者们需要考虑城市园地给居民以及城市生态系统带来的效益。即使是在城市中的密集建成区，也应该给城市园地留出充足的空间，如建筑物之间的未利用空间、棕地或者屋顶。

4.3.3 上海：发展绿色基础设施——灰城变绿城

约尔根·波伊斯特

自 20 世纪 90 年代以来，上海这座巨大的城市以超乎想象的活力快速发展，崭新的建成区取代了过去老旧的街区并一路扩张至老城的郊区（表 4.6）。在 6341km^2 的市域范围内生活着 2400 万人（LGSMP，2015）。在人口和地域面积上，上海都是柏林市的 7 倍之多。对于上海市而言，其城市发展的任务是在现有城市绿地严重不足、城市结构过于紧凑、建筑过于密集，以及城市发展用地有限的境况下，发展出一种弹性而可持续的城市结构（上海市统计局，2006；Liu and Huang，2007；SUPAB）。在 1978 年，上海的城市绿地仅占城市面积的 8.2%，人均公共绿地面积仅为 0.35m^2（上海市统计局，2006 & 2014；Breuste et al，2016）。

上海城市绿化（单位 /hm^2）　　　　　　　　表 4.6
（上海市统计局，2006 & 2014；Breuste et al，2016）

年份	城市绿地[a]	公共城市绿地[b]	公园	城市森林	绿地覆盖率 /%
1990	3570	983	712		12.4
2000	12601	4812	1153		22.2
2005	28856	12038	1521	1284	37.0
2010	120148	16053	—	83340	38.2
2013	124295	17142	—	84152	38.4

注：a 包括街边绿地、人造林、苗圃、公园，并非全部都是可及的和公共的。
　　b 包括所有的公园和其他公共可及绿地，但不含街边绿地和森林。

上海市城市总体规划（2016—2040）的当前目标是"迈向卓越的全球城市"。具体的分目标为：

—— 更具竞争力：一座繁华创新之城；

—— 更具可持续发展能力：一座健康生态之城；

—— 更具魅力：一座幸福文明之城（LGSMP，2015）。

在 2003 年上海市城市规划者们编制了绿地系统总体规划以强化城市发展水平，具体包括：

— 两条环形绿化带，包括经济林和生态林区、苗圃和休闲公园兼顾生态和经济功能；

— 8 个相互连通的大型绿岛以改善城市气候；

— 沿城市主干道、铁路线、河道等纵横布置绿廊；

— 保证市民出门 500m 范围可以到达一块公共绿地[1]（Leung，2005；Breuste et al，2016）。

此规划的发展目标为保护生物多样性、缓解气候变化、保护饮用水资源以及提供休闲游憩场所。自 2000 年以来，上海人均公共绿地面积每两年翻一番，新增 800 万 m^2 公共绿地（You，2009）。基于这些数据，上海市在 2004 年被民政部评为"国家园林城市"。在 2010 年绿地覆盖率达到40%，人均绿地面积约为 $10m^2$，森林覆盖率为 25% ～ 30%。沿道路布局的城市森林和中心城区外的大型森林区占到了所有城市绿地的 2/3。上海市"有路就有绿化"的政策使得城市在 2013 年新增树木达 990 万株（Liu and Huang，2007；Li et al，2008；上海市统计局，2014）。

尽管上海市绿地发展活力十足，但城市公园的占比仍然不足。最大的城市公园是占地 $140hm^2$ 的浦东新区的世纪公园。在人口密度很高的老住区和新住区，人们对于社区公园的需求依然巨大。

在高密度的城市建成区，新增绿地只能通过取代老旧建筑得以实现。位于中心城区的黄浦区延中绿地就是一个范例。这座城市公园建于 2001年，占地面积为 $11.85hm^2$。公园是在迁移了 4837 户居民并拆除了原有的老房子之后修建而成（图 4.18）。

另一个项目是建设中国生态旗舰城市——东滩。该项目始于 2005，在上海市崇明岛一块 $6.5km^2$ 的区域，规划到 2050 年人口将达 40 万人。

---

[1] 参看 GRUNEWALD K et al. Towards green cities：urban biodiversity and ecosystem services in China and Germany[M]. Springer，2018：140.

图 4.18 上海延中绿地公园，2000 年；（a）修建前，（b）修建后
（图片来源：公园现场信息板）

根据规划，整个岛屿将被打造成一个有着优质绿色基础设施和自然保护区的"绿岛"（崇明市，2003；Liu and Huang，2007）。上海市把东滩规划为 9 个缓解中心城区过度拥挤的城镇之一，并为其居民提供优良的环境条件。该项目致力于减少能源需求、充分利用生物能源和可再生能源、减少垃圾填埋和实现碳零排放（Castle，2008；You，2009）。第一个示范阶段原计划应于 2010 年世博会前完工，但是至今仍未完成。

在已完成的项目中，如虹桥低碳商务区，从中可以看到城市绿色基础设施的一些情况。低碳商业中心（1.4 km²）在建造技术、交通规划、能源生产和绿色基础设施等方面都定下了很宏大的目标，如密集建成区内建筑物的绿化设计（SBA design，2013）（图 4.19）。

2015 年上海市城市总体规划旨在把上海打造成"绿色低碳的生态之城"（LGSMP，2015），具体而言包括：

图 4.19 虹桥低碳商务区（SBA design，2013）

— 巩固生态空间结构（通过保护海洋和大陆生态基础、建设连贯的
生态空间系统、打造生态节点、实施严格的基础农田保护和完善
生态保护的政策机制）；

— 促进低碳和节能发展（通过减少碳排放、优化能源结构、降低工
业和建筑的能耗、鼓励绿色和低碳交通）；

— 强化环境保护和综合治理（通过改善空气和水的质量、土壤保护
和污染治理、提高固体废物处置）。

在新的总体规划指导下，一个新的生态发展阶段已然在即。它包括在
存量绿色空间的基础上尽可能提高其生态系统服务。由于进一步拓展城市
绿色基础设施的空间是有限的，城市生态发展的目标应该设定为在城市增
长和再致密化背景下，不断改善和保护现有城市绿色基础设施网络及其生
态系统服务供给（图 4.20）。

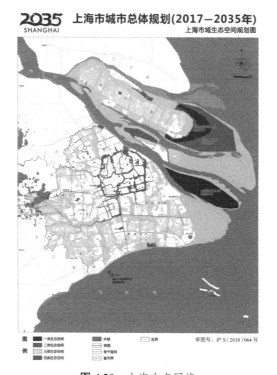

图 4.20 上海生态网络
（图片来源：上海市总体规划：2017—2035 年）

框 4.5　上海市"立体绿化"项目（董楠楠、刘悦来、刘松）

在 2007 年上海就已开始鼓励发展"立体绿化"，如屋顶和立面的绿化。在 2014 年，地方政府发布了《促进上海市立体绿化发展指导方针》，呼吁加大对绿色屋顶发展的力度。《上海市绿化条例》进一步阐述了国家在立体绿化开发者的责任、义务和权利等问题上的立场和态度。

从 2011—2015 年，上海市立体绿化在绿化覆盖面积、质量、政策和财政支持方面取得了显著的进步。在 2009 年底，城市屋顶绿化覆盖面积估算为 90hm²，到了 2015 年底，上海立体绿化覆盖的总面积达到了 262hm²，其中绿色屋顶面积为 218hm²，占到所有可开发屋顶面积的 7%。上海市绿化和市容管理局利用遥感技术对可供绿化屋顶的位置和现状进行了评估。除了屋顶绿化以外，上海还鼓励多种形式的立体绿化。立体绿化产业的快速发展完全归功于相关部门强力的政策实施和管理。在新建和改造项目的审批过程中，上海市绿化和市容管理局一直大力鼓励推行立体绿化。而且，也有相关法律规定要求新建筑需要达到一定比例的立体绿化。例如，在旧房改造（特别是公共建筑）的审批中就要求提高绿地的比例。考虑到改造项目有限的空间，绿化量的提高通常依赖于新建的屋顶绿化实现，尽管这会导致数额不菲的额外成本。

除了强力的法律实施，上海还颁布了一系列立体绿化技术层面的规范性文件。《上海市屋顶绿化技术规范（试行）》于 2008 年制定并实施，紧随其后制定了一系列的技术标准规范，如《绿墙技术手册》和《立体绿化技术规程》。2015 年新发布的文件包括《高架桥体绿化建设管理技术指引（试行）》和《新建项目立体绿化指南》，这些文件进一步表明上海市对立体绿化产业政策支持力度的不断加大。

4.3.4　慕尼黑：连接灰色与绿色基础设施的纽带

玛蒂娜·阿尔特曼

慕尼黑市位于德国南部阿尔卑斯山北麓的伊萨尔河畔，是巴伐利亚自由州的首府。慕尼黑南部有着大片的森林，北部有 3 个大型自然保护区和沼泽地，伊萨尔河沿西南—东北方向从城中穿过。慕尼黑市 15.4% 的土地为景观保护区，2.3% 的土地为自然保护区（City of Munich，2016）。慕尼黑是德国第三大城市，城市面积为 311km²，人口数量为 150 万人。慕尼黑市是德国人口密度最大的城市之一，人口密度为 48 人 /hm²（City of Munich，2015a）。慕尼黑在人口和住区面积上都可以看作是一个成长型的城市，人口数量预计到 2030 年将从现在的 150 万增长到 170 万（City of Munich，2015b）。因此，如何为新增人口提供经济上可以承受的新住宅也成为慕尼黑市的一大压力。

为了应对住房短缺的问题，慕尼黑市计划每年发布 3500 个新住宅指标以实现 1800 个保障性住宅指标（City of Munich，2012）。但是，如今的慕尼黑市是德国地表硬质化最严重的城市之一。开放空间和绿色空间是非常稀缺的资源。在 2006 年，慕尼黑市 43% 的土地是人工改造的硬质化地表，到了 2012 年该比例上升到了 47%（www.ioer-monitor.de）。在 2013 年，人均城市绿地供给（休闲游憩区、森林、蓝色基础设施和农业区）为 77m²，是德国大城市中最低的。由于人口的不断增长，绿地供给将会继续下降。若城市不再开发新的绿地，到 2030 年人均绿地面积将降低到 67m²（Becker et al，2015）。因此，迫于建造新的住宅和相关基础设施、农业区的重构和发展的需要，慕尼黑市绿色基础设施受到了严重的威胁。

为了进一步实现住区发展和绿色基础设施供给之间的平衡，慕尼黑市为其城市发展制定了"紧凑、城市、绿色"的指导方针。从慕尼黑市当前正在制定的"开放空间长期发展 2030"中可以看到，慕尼黑市政府已然认识到了城市致密化和绿色基础设施之间日益严重的冲突。如何在一个人口更加密集的城市中保证高品质的生活成为许多城市面临的挑战，慕尼黑也不例外。为了应对这一挑战，需要拓展对开放空间的理解。开放空间不仅仅指的是未开发的用地，还可以是具有多种功能或发挥暂时性功能的空间和土地。鉴于此，慕尼黑努力维护和增强开放空间及绿色空间在社会、生态、经济价值方面的多维度功能。绿地应该提供不同生态系统服务，如休闲、健身、生物多样性保护、水和气候调节。由于有限的空间资源，部分灰色基础设施（如住宅区、商业区和交通设施区）也需要履行开放空间的一部分功能。而且，绿地的可持续性保护和发展需要居民的积极参与，主动去塑造城市，并承担他们对环境的责任和义务（Becker et al，2015）。

慕尼黑为参与式城市绿色基础设施的发展和绿色与灰色基础设施的整合提供了一系列的机会。一个最佳案例是，"为了更绿意的慕尼黑"竞赛。这个竞赛每两年举办一次，奖励那些模范绿化项目，总共设有 6 个类别：门前花园、庭院、户外设施、个人事迹、儿童友好的生活环境、商业区绿化。在竞赛中，户主、房东、租客和企业展示了他们的成果，包括：绿化的屋顶和立面、破除商业区的覆土项目、在内城打造植被种类丰富的庭院和生境或设计自然娱乐场。通过让大众看到这些绿化行为，让他们成为整个社会的榜样，鼓励大家参与到生态 – 社会城市发展中来。由市议会成员和专家学者（如环境学者和景观建筑师）构成的评审委员会对参赛项目进行评审，并给那些优秀的项目授予证书和奖金。在 2015 年，这个竞赛举行了 40 周年纪念，在纪念活动上慕尼黑市的副市长约瑟夫·施密德表示竞赛"已经成为市民促进城市园林文化发展的标志，体现了市民的主动性和责任担当"（City of Munich，2015c：5）。自 1945 年以来，2000 位参与者中有超过 1000 人获得了竞赛的认可和奖励。图 4.21 展示了一个获奖的庭院，更多示范项目的图片可以在线获得（City of Munich，2015c）。

除了竞赛之外，慕尼黑市还为连接绿色和灰色基础设施提供了一系列的补助，如针对商业区或住宅区屋顶绿化的补贴。只要绿化行为是自愿完成且非法律义务要求，实施主体就会得到政府补贴。这种补贴适用于对某一建筑的首次屋顶绿化。此外，绿色屋顶的厚度至少需要达到 8cm，如果绿化厚度达到了 10cm，则可以通过降低排污费的形式对其进行进一步的补贴。在德国，废水分置收费指的是污水和雨水分开收费，额度基于房产覆土表面的比例。因此，这种收费实际上是一种货币激励机制，它可以让居民主动增加地产范围内的裸露土壤面积，对建筑进行绿化，以提高自然地表的水渗透率。为了进一步推动降低覆土面积的活动，慕尼黑市还通过"绿色庭院 – 绿色墙体"（Grüne Höfe-Grüne Wände）项目为自发破除硬质

图 4.21 为了更绿意的慕尼黑——儿童友好环境奖：可供玩耍的花园
（林德乌尔姆街 4 号）© Jutta Polte-Giessel

化地表和绿化私人庭院的行为提供补贴。这个项目的关注点是庭院绿化、
减少覆土面积或者对地表进行半渗透铺设改造（如铺设草皮、鹅卵石）。

4.3.5 徐州：一座处于结构变化中的城市

胡庭浩、罗萍嘉

　　徐州市地理位置为东经 117°20′，北纬 34°26′，位于中国江苏省西北
部，水资源丰富。它也是华东地区重要的煤炭资源型城市和老工业基地，
也是江苏省唯一的能源基地（图 4.22）。依赖煤炭，国家先后在徐州布置
建设了煤炭、机械、化工、建材、冶金等近千家国有企业，形成了以能
源、原材料和装备制造业等重工业为主的工业体系。但随着资源的开采，
煤炭资源日益枯竭，能源消耗型产业结构导致环境污染问题十分突出，同
时大量采煤塌陷地亟待治理。因此，城市转型是唯一的出路。在 2007 年，

国务院颁布推动煤炭资源型城市转型的文件。实际上，从 20 世纪末，徐州就开始了城市转型发展的步伐，特别是在城市生态建设方面取得了长足的进步。本节主要介绍徐州在提升城市生态方面所做的努力，以期为其他煤炭资源型城市的绿色城市建设提供借鉴。

图 4.22 徐州鸟瞰图

（图片来源：《江苏省地方志》，http：//www.jssdfz.gov.cn/index.php?m=content&c=index&a=show&catid=9&id=15）

徐州城市转型的客观驱动因素

煤炭资源枯竭与城市发展定位的转变

徐州地区的采煤历史非常悠久，可以追溯至 900 年前的北宋时期。在 1882 年，徐州创立了"利国煤铁矿务局"，开始了煤炭规模化的开采，创徐州现代化工业之先河（Changet al，2011）。徐州作为重要的煤炭基地和交通枢纽，城市的工业发展得到了国家的大力支持，逐步形成了以煤炭、钢铁、电石、工程机械等重工业为主的工业体系。同时，采掘业亦发展迅猛（Shen et al，2012）。在 20 世纪 90 年代末，徐州的煤炭资源几乎枯竭，而与此同时，传统工业体系受到制造业、商业和服务行业的冲击。因此，老工业体系、环境污染和生态破坏迫使徐州必须正视结构变化和转型问题。

快速城镇化和城市扩张

和其他的中国城市一样，徐州的城镇化进程进入了加速发展期，表现出了以快速城镇化为导向的城市大规模扩展，城市开始向东部和南部迅速蔓延（Chang et al，2011；Qu et al，2009）。在过去的30年间（1984—2014年），建设用地从311km^{2}增加到756km^2（图4.23），水域面积增加了68km^2。毫无疑问，建设用地的增长源自于城镇化进程，而水域面积的增长主要是由于贾汪区和铜山区的采煤塌陷导致的。徐州市建设用地规模已经远远高于城市总体规划中2020年规划末期水平。徐州快速城镇化过程中出现了城市人口增长过快、环境恶化、城市蔓延、土地资源紧张等问题，其中主要表现为土地资源与生态安全之间的矛盾。

大量的未修复采煤塌陷地

百年的煤炭开采在给徐州带来可观经济效益的同时，也给城市全面发展带来了诸多桎梏。采矿活动造成的大量土地塌陷不仅直接破坏了各种生产活动和人居环境，也对城市生态环境造成不良影响（Chang and Koetter，2005；Chang and Feng，2008）。根据2012年数据，徐州都市区内有不同程度塌陷地16133hm^2，其中72%的塌陷地未稳沉或稳沉未治理。这些塌陷地主要分布在铜山区、贾汪区和沛县，28个乡镇和90多个行政村受到了不同程度的影响（Feng et al，2016）。塌陷地分布如图4.23所示。

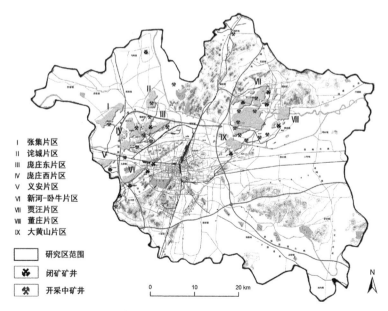

I   张集片区
II   诧城片区
III 庞庄东片区
IV   庞庄西片区
V   义安片区
VI   新河-卧牛片区
VII 贾汪片区
VIII 董庄片区
IX   大黄山片区

☐ 研究区范围
✿ 闭矿矿井
✿ 开采中矿井

0   10   20 km

图4.23　徐州城区采煤塌陷地区的分布 © 胡庭浩

面向绿色城市：城市转型中的生态策略与手段

徐州的城市园林运动

在 20 世纪 90 年代，徐州市提出了建设现代化生态园林城市和区域性商贸都会的总体发展目标。城市建设投资近 100 亿元，相继启动标志工程"三场一路""三路一河"和"三城一环"。"三场"指徐州的淮海广场、彭城广场和人民广场，为市民提供了新的绿色空间。"三路一河"项目指"迎宾景观路"（黄河西路）、"交通景观路"（复兴南路）、"园林景观路"（解放南路）和故黄河旅游观光风景带的建设。

在 2002 年，徐州制定了打造"国家园林城市"的目标。在随后 3 年中，城市建成区绿地面积、绿地覆盖率和人均公共绿地面积分别达到了 3566.57hm²、36.86% 和 7.82m²，城市道路绿化普及率达 100%。基本形成了以山体为骨架，以河流道路为网络，以公园广场为点缀的点、线、片、面、网、圈相连的城市绿化特色。在 2005 年徐州获得了"国家园林城市"的称号。

10 年间全市新增园林绿地面积 16921hm²，市区绿化覆盖率达到 42%，到 2010 年底，全市森林覆盖率达 31.3%，居江苏省第一（徐州统计年鉴，2015）。城市再现了"一城青山半城湖"的城市风貌特色，彻底根除了"一城煤灰半城土"的旧徐州形象，实现了城市由灰到绿、由灰到靓的转变，城市面貌、功能、环境质量得到显著改善和提高。从 2010—2014 年，城市投资 8 亿元用于城市生态建设。"二次进军荒山"和"地更绿"项目就是其中重要的举措。在此期间，徐州市实现造林 6900hm²，完成 120 个景观项目。城市建成区绿地面积达到 1168hm²，其中包括 610hm² 的绿地公园。"建成区绿化覆盖率"和"人均公共绿地面积"这两个指标在过去的 4 年中分别上升到 1.96% 和 1.51m²（图 4.24）。建成区绿地覆盖率从 2010 年的江苏省第七名上升到 2014 年的第二名。2016 年，在住房和城乡建设部公布的首批"国家生态园林城市"名单中，徐州、苏州、昆山、寿光、珠海、南宁、宝鸡等 7 个城市榜上有名，徐州综合排名位列第一位。

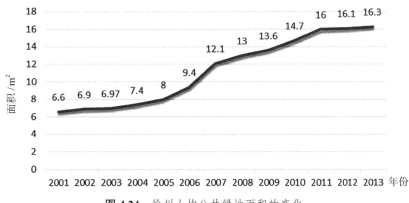

图 4.24 徐州人均公共绿地面积的变化
（图片来源：徐州统计年鉴，2014）

采煤塌陷地的生态修复

2008 年，江苏省政府启动了振兴徐州老工业基地计划。次年，温家宝总理和德国总理默克尔共同出席了在德国总理府举行的"江苏省与德国北威州政府联合共建中德徐州生态区示范项目"签字仪式。在此协议中"实施徐州市城北采煤塌陷地治理与生态重建示范工程"作为中德徐州生态区示范项目三个主要组成部分之一（Lin et al，2009）。同时启动了"徐州采煤塌陷地生态修复"项目。此项目是整体城市规划进程的有益补充，整个规划区涵盖了徐州市区的所有采煤塌陷地，并分为三个层次，即：

1. 徐州都市区（含贾汪区）采煤塌陷地总体规划。

2. 九里湖和柳新塌陷地试验区规划。

3. 以九里湖为中心的起步区规划。

徐州矿区塌陷地生态修复规划将塌陷影响区的生态环境恢复、城市空间拓展、塌陷地村庄搬迁、农村建设相结合，综合考虑了"矿—城—乡"的统筹关系，建立起了不同利益团体的合作平台，寻求各方利益的最大化和社会、经济、生态效益的共同发展。该规划是对城市总体规划的有力补充，突出了对采煤塌陷地区的生态利用。通过对采煤塌陷地的改造和更新，可以充分发挥废弃土地的潜在价值，将其打造成重要的资源。

面向绿色城市的规划手段

绿色基础设施的保护和建设

面对社会经济发展对城市生态资源及空间的侵占，为了应对快速城镇化对城市生态空间的破坏，满足城市发展对于生态资源的发展需求，徐州针对生态空间资源保护作了一系列的努力。针对徐州生态空间相关规划进行内容的解读和归纳，可以为国内外绿色城市建设提供借鉴和参考。为了更好地指导城市绿地建设和管理，徐州在 2005 年城市总体规划的基础上编制《徐州市城市绿地系统规划（2005—2020）》，规划在市域和城市建成区范围进行。其中，市域层面上规划建设"多环维护、多区（斑块）镶嵌、多廊串联"的城乡统筹绿地体系，而建成区范围中的绿地系统规划为"一圈、四带、六环、十九廊、十四核"环网式绿地结构，贯彻落实国家与江苏省对于重要生态功能保护区的工作要求，徐州在 2011 年编制《徐州市重要生态功能保护区规划（2011—2020）》。规划在市域范围内进行，主要包括以下三个方面的内容：

1. 提出重要生态功能保护类型及主导生态服务功能。

2. 提出重要生态功能保护区名录及范围、管理要求。

3. 提出各种类型重要生态功能保护区环境监管和保护要求。规划划定 11 类共 50 个生态功能保护区，总规划面积 2595.40km^2。

水资源保护

湿地是城市景观生态系统的重要组成部分。徐州市区周边分布着大面积的采矿塌陷区，这些用地不适合作为城市建设用地，但却具备建立湿地的良好条件（Chang and Feng，2008）。鉴此，徐州市环保局会同有关部门，在调查全市湿地资源的基础上编制了《徐州市湿地资源保护规划（2011—2020）》。规划以全面维护湿地生态系统的自然生态特性和基本功能为目标，使天然湿地面积下降的趋势得到遏制，湿地生态系统的生态特征和基本功能得到修复，促进其进入稳定发展的良性状态。同时，通过湿地资源可持续利用示范工程以及加强湿地监测、宣传教育、科学研究和管理体系等方面的建设，可全面提高湿地保护、管理和综合利用水平，保持和最大限度发挥湿地生态系统的各种功能和效益，实现湿地资源的可持续利用。

生物多样性保护

为了建立和完善生物多样性保护网络，2011年徐州市政府制定了《徐州市生物多样性保护规划》(2011—2020)(图4.25)。该规划以保护徐州市地带性植被、湿地资源、野生珍稀动植物、古树名木等为核心，以保护和修复本地生物的栖息环境为重点，建立并完善由自然保护区、森林公园、风景名胜区、城市绿地、农田、防护林、河湖湿地、古树名木等构成的市域生物多样性保护网络体系，最终实现生物多样性的多层保护和生物资源的持续利用。

大气质量与热岛效应控制

为了落实城市总体规划中的相关内容和要求，提高城市整体环境的自净能力，调节微气候，缓解热岛效应，改善城市生态环境，徐州于2014

图4.25 徐州都市区的绿地系统
（图片来源：徐州都市圈规划）

年编制《徐州市清风廊道规划》。城市"清风走廊"的规划要从两方面着
手:一是构建"绿色廊道",即根据城市主导风向,沿城市主要道路、公
路、铁路、河流、湖泊等周边规划一定宽度的绿带,串联现有的生态资
源,构建城市绿色清风走廊;二是建设城市圈层式环城林带,开放式引入
清风,屏障式阻挡、净化浊风。通过绿廊和绿环的双重复合,产生风道的
叠加效益。

4.3.6 德累斯顿:生态网络中紧凑型城市典范

尤利娅妮·马泰、玛蒂娜·阿尔特曼、
奥拉夫·巴斯蒂安、斯蒂芬妮·罗塞勒斯

　　德累斯顿是德国联邦萨克森州的首府,位于德国东部。在计划经济
崩溃之后的 10 年间,由于出生率下降和居民外迁,德累斯顿人口曾一度
大幅度下降。但是,自 21 世纪以来,其人口又开始回升。2016 年,共有
55.3036 万人生活在面积为 328km² 的德累斯顿市(LH Dresden, 2016b)。
德累斯顿位于易北河河谷盆地中,南面是矿石山脉,北面是花岗岩陡坡,
东面是易北河砂岩山脉,横跨多个地形单元。易北河及其宽阔的冲积平原
塑造了德累斯顿的地形,冲积平原大部分被半自然草甸覆盖,易北河自东
南向西北横穿整个城市。市中心区的绿化主要是公园和林荫道,也有许多
小型濒危动植物栖息地。在德累斯顿北郊和东郊,留存着大面积的森林,
城市北部和西北主要是农业和森林区。绿地和森林的总面积占城市总面积
的 62%,使得德累斯顿有着相当高的绿地和休闲空间比例,包括自然和景
观保护区、公园、私人园地和墓地(LH Dresden, 2014)。

　　为了应对日渐提高的城镇化水平同时降低城市扩张速度,德国国家可
持续战略提出了"紧凑型城市"的指导方针(见 2.2.2)。具有多重功能的
城市绿地是城市结构中至关重要的构成元素。致密化过程需要一个战略方
法去平衡填充式开发和绿地保护之间的关系,以避免进一步产生环境困境

以及更复杂的冲突（De Roo，2000）。

为了提供生态系统服务和城市生物多样性，需要通盘考虑城市绿地和开放空间，绿色基础设施的所有元素均应考虑在内，以确保密集绿网下气候的适应性。绿色空间系统支持城市的栖息地网络并连接周边景观，同时也为居民提供了轻易可达的休闲区域。为了增加绿色空间（见 **2.2**），建议将城市绿色和灰色基础设施在规划设置上或者功能上进行整合，例如在规划交通网络或空闲地块时可以考虑这种做法（Davies et al，2015；Kambites and Owen，2006；Keeley et al，2013）。

但是对于城市开发者和规划者来说，同时创造紧凑型和绿色城市并非易事。如果有一个系统的城市绿色空间发展战略，可以充分考虑填充式发展的优先区域，那么这个战略就可以作为决策制定的坚实基础（Hansen and Pauleit，2014）。

德累斯顿的城市绿地以及目前面临的挑战

目前，城市发展面临的挑战与过去和未来再城镇化过程紧密相关。不断增长的人口以及相应的住宅需求对未开发空间和开放空间带来了压力（LH Dresden，2016a）。

德累斯顿及其城市绿地的整体概念

为了控制城市扩张，德累斯顿城市发展的重点放在了城市填充式开发、市中心区住宅区的激活以及城市缩减时期遗留的棕地振兴上。尽管在过去几年间城市绿色空间有所提高（主要是通过棕地的再自然化），但是鉴于城市绿色空间对于城市可持续性发展的重要性，德累斯顿特别强调，未来需要进一步加强绿地的保护和扩展（LH Dresden，2016a）。

德累斯顿开发了许多种方法和策略来应对挑战，如适应气候变化（炎热、干旱、洪涝）、保障生态系统服务、阻止生物多样性损失和解决棕地问题。以下是一些示例：

— 区域气候适应计划（IRKAP）：制定适应气候变化的主要要求，

致力于打造绿色紧凑型城市（REGKLAM，2012）（框4.6）。

— 德累斯顿绿地标准：确定了德累斯顿所有城市绿地的质量和数量标准。在制定标准时对城市绿地的不同类型以及相应的建筑类型也有所考虑。

— 德累斯顿景观规划：致力于保障可持续性土地管理和主要自然资产（土壤、气候、水源、空气、物种和生境、景观、人类）的潜在利用和再生，同时也考虑到了它们各自的景观功能。

"生态网络中的紧凑型城市"——德累斯顿城市发展的整体概念

德累斯顿的景观规划涵盖了整个城区，致力于促进沉浸在绿色网络中的紧凑型城市发展来实现可持续性发展。为了满足紧凑型城市发展和绿色基础设施维护及发展的双重需要，德累斯顿市景观规划的城市发展定位是"生态网络中的紧凑型城市"，该定位将作为整个城市发展的指导原则（LH Dresden，2014）。这个概念旨在通过紧凑的细胞状结构实现城市功能的空间集中。由此开发的网络结构体现自然和基础设施的不同特征，同时也考虑了重要的生态系统网络和河道（图4.26）。在空间层面上对由此产生的环境功能分区进行分析，并将其与城市发展目标联系在一起。借此，一个由功能地块、走廊、节点和绿色连接轴组成的网络框架确定成型，它反映了德累斯顿市自然景观的现有特征以及多中心组织特征（LH Dresden，2014）。其目的是通过保护、开发和连接现有的以及新的绿色基础设施为整个城市提供生态系统服务。由绿地和开放空间组成的网络框架可以保障栖息地网络与对城市生态极为重要的环境功能及生态系统服务（如新鲜空气的供给、预防洪涝）。同时，也可确保特色城市结构和景观以及为居民提供多样化的休闲场地，动植物栖息地等也可以得到改善（LH Dresden，2014）。

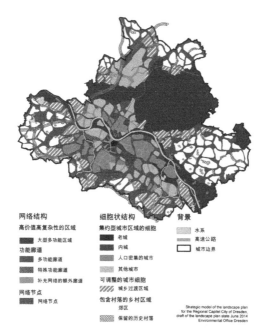

网络结构

高价值高复杂性的区域
大型多功能区域

功能廊道
多功能廊道
特殊功能廊道
补充网络的额外廊道

网络节点
网络节点

细胞状结构

集约型城市区域的细胞
老城
内城
人口密集的城市
其他城市

可调整的城市细胞
城乡过渡区域

包含村落的乡村区域
郊区
保留的历史村落

背景

水系
高速公路
城市边界

Strategic model of the landscape plan
for the Regional Capitel City of Dresden,
draft of the landscape plan state June 2014
Environmental Office Dresden

图 4.26 "生态网络中的紧凑型城市"整体概念——德累斯顿景观规划草案
（LH Dresden，2014，after Landsch afts Arditekt Paul）

框 4.6　利用 EnviMet 模拟地方建设规划中新城区带来的影响

沃尔夫茨冈·文德（Wolfgang Wende）、阿德里亚安·霍彭施泰特（Adrian Hoppenstedt）、斯蒂芬·贝塞尔（Stephan Becsei）

　　我们利用一个城市气候模型模拟测试了德国地方发展和建设规划对城市气候的影响。该模拟在巩固德累斯顿市环境署的景观规划基础上，遵循生态网络中紧凑型城市的规划战略。文德等（Wende et al，2013）调查了城市发展的绿色规划如何才能设计成为市中心区域再开发的一部分。图 4.27（a）中地方建设规划草案显示了一个理论框架。在建设大规模绿色基础设施的同时，在北部规划出比之前预测密集度更高的建筑群。粉色区域的填充式开发显示了建筑物用途类型，住宅区在北部。橙褐色区域为混合用地，允许在该区域住宅区沿线存在一定比例的商业和小型企业。该地块最大的部分被划为绿地，因此必须破除覆土改造为公共绿地。单个标注出来的树标表明该地点至少会种植一颗新树。这显示了概念化的地方发展和建设规划是如何指导整体绿色基础设施的构建，也可用以连接德累斯顿市中心区和相邻的格罗贝尔公园

（Großer Garten）。规划的目标可以将道路建于地下，发展与建设规划可以包含关于植物特性及保护有价值的绿色结构的规定。图 4.27（b）利用 EnviMet 微气候模型对比了初始情况和规划产生的微气候影响（Brus，1998）。显然，规划的气候效应是气候变化适应的一个重要因素。该示例展示了德国城市发展规划和景观是如何为打造绿色城市做出宝贵贡献的。

下列建筑观念可以缓解这类新城区的气候脆弱性：

－覆盖对行人健康有益的攀缘植物的绿色步道（图 4.28）；

－覆盖植被的建筑围护（屋顶、墙体、阳台）可以调节室内气候；

－收集雨水并用以降温和绿化；

－智能控制的可移动式表面覆盖可以遮阴或散热；

－开放空间的地下水管理（可能存在的渗水）和土壤保护。

图 4.27 （a）德累斯顿绿色城市实验室——开发绿色空间并将绿色基础设施整合到生态网络中的概念设计（场景）；（b）炎热夏季中的一天正午气温模拟对比（离地高度 1.2m），实况与预测对比（Wende et al，2013）

图 4.28 法兰克福市利用攀缘植物降低正午炎热的绿色行人道 © 斯蒂芬·贝塞尔

在这个整体概念的指导下，德累斯顿市一方面应对如资源短缺、土地消耗、人口结构变化、气候适应和缓解以及生物多样性丧失等挑战；另一方面，通过维持、拓展和连接城市绿地等手段保障自然资源，以实现高品质的环境和生活（Sondermann and Rößler，2016）。

这样的战略空间发展模式有助于确定城市发展的概念以及城市未来的空间结构（Yu et al，2011）。与此同时，它对于一些决策过程，如是否需要保留某一特定棕地作为绿地或者允许其再开发，也能起到辅助作用。

结论

"生态网络中的紧凑型城市"德累斯顿整体概念可看作是优秀实践的案例，因为它遵循了汉森和波莱特（Hansen and Pauleit，2014）总结的绿色基础设施关于绿色结构方面的主要原则（整合、连接、多尺度多目标方法、多功能性）。因此，它可以作为实现紧凑型绿色城市的重要方法。

4.3.7 成都市温江区：城市生态资产与服务

李秀山、石晓亮

　　成都市是中国西南部的经济政治中心，也是四川省的省会。属于亚热带气候，绿色基础设施如河流、湖泊和绿色空间十分丰富。

　　温江区位于成都市西北部，是成都市第一个卫星城，第一个省级生态区和环境保护示范城市，它也享有"国家生态示范区"的殊誉[1]。温江区占地面积为277km²，年平均气温为16.9℃，年均降水量740mm。境内有4条大河，绿色空间以人工植被为主。目前植被覆盖率为41.26%，公共绿地面积为410hm²，有1300多种花卉和树木，种植面积达9860hm²。成都以其花卉树木而闻名，绿地、河流、湿地、苗圃、果园、林盘（竹屋）和其他的蓝－绿基础设施构成了温江区独特的城市生态系统。

温江区生态系统服务价值

　　为了提高温江区城市生态系统的功能和服务，地方政府授权中国环境科学研究院对温江区的城市生态系统服务进行了评估，分析和评估了生态系统对于人类健康的经济价值。评估开发的生态服务指标体系包含3个方面的功能和14个具体指标。供给服务主要包括农产品、林产品、畜牧产品、渔业产品、水资源、生态能源和其他7个指标（如花卉、苗木、盆栽）。调控服务主要包括诸如水资源保护（包括水资源调控和水质净化等）、土壤保护、大气环境净化（包括氟、氮氧化合物吸收和噪声控制等）、生物多样性维护、碳封存和氧释放、灾害控制和预防（动植物病虫害控制、洪涝控制等）等指标。文化服务包括休闲价值和景观

---

[1] 参看 GRUNEWALD K et al. Towards green cities：urban biodiversity and ecosystem services in China and Germany[M]. Springer，2018：161.

美学价值（表4.7、表4.8）。

生态系统服务指标体系　　　　　　　　　　　　　表4.7

序号	功能分类	记账程序	说明
1	供给功能	农产品	农业系统的初级产品，如玉米、大米、油菜籽和其他谷物、豆类、土豆、油、棉花、麻、糖、烟叶、茶、药用材料、蔬菜、水果等
2		林产品	林产品包括木材、橡胶、生漆、茶籽等
3		畜牧业产品	散养/圈养，或者两种形式兼具。饲养畜禽以获取畜产品，如牛、马、驴、猪；乳制品；鸡蛋、蜂蜜、茧等
4		水产养殖业产品	鱼、虾、蟹、贝类、藻类等
5		水资源	淡水资源如农业用水和家庭用水、工业用水和生态用水等
6		生态服务和能源供给	指的是生物物种和生态系统，包括可再生能源以及海洋、湖泊、河流的质量
7	供给功能	其他服务	花、苗木、盆景等，这些资源的价值通常是根据惯例来定
8	调控功能	洪水调控	由生态系统通过雨水拦截、存储、提高土壤渗透力、有效保护土壤水和地下水补充、调节河流流量等方式提供
9		土壤保护	通过降低雨水侵蚀能力和土壤流失来提供的生态系统服务
10		空气净化	通过吸收、过滤和分解大气中的污染物以提供氧气的生态系统服务，例如森林提供氟离子，吸收二氧化硫和氮氧化合物，减少噪声和粉尘
11		生物多样性维护	鸟类、哺乳动物、植物和昆虫物种的维护
12		碳封存、释放氧气	森林生态系统可以固定碳、释放氧
13		控制植物病虫害	提高自然天敌数量，减少蝗灾，通过提高物种多样性实现病虫害的生态控制效果
14	文化功能	自然景观	对人类休闲、景观美学、激励和教育的价值

2013 年温江区生态系统服务的价值　　　　表 4.8

功能分类	生态系统服务	具体价值	价值/亿元	总价值/亿元	比例/%
供给服务功能	供给服务	农产品	0.845	122.111	24.98
		林产品	0.028		
		畜牧业产品	3.243		
		渔业产品	0.278		
		水资源	7.416		
		生态服务和能源供给	0.069		
		其他产品（如花卉、苗木）	110.232		
调控功能	水资源保护	水存储	0.7353	0.878	1.80
		净化水质	0.1425		
	土壤保护	表层土壤	0.010	1.040	2.28
		节约肥料	1.030		
调控功能	空气净化	负离子	0.002	8.912	18.23
		吸收大气中污染物和粉尘	8.150		
		降低噪声	0.760		
	碳封存	封存碳	27.720	27.720	56.71
	释放氧	释放氧	0.010	0.010	0.02
	动植物病虫害控制	动植物病虫害控制	0.020	0.020	0.04
总计				48.8831	100

　　2015 年，对温江区城市生态系统服务的生物多样性维护和休闲价值进行了评估（框 4.7）。生物多样性维护的支付意愿总值为 9.2 亿元（Li et al，2016），休闲支付意愿总值为 4.1 亿元（Cao et al，2016）。

框 4.7　城区休闲生态系统服务的支付意愿：成都温江区个案研究（Cao et al，2016; Li et al，2016）

　　利用 Logit 模型和 Oprobit 模型分析了居民对城市生态系统休闲服务及其影响因素的支付意愿，并采用条件价值评估法（CVM）计算了休闲服务的经济价值。结果显示：①成都市区和温江区受访者表达支付意愿的平均概率分别为 60.3% 和 69.1%，平均支付意愿每人每年分别为 127.1 元和 142.5 元。②居民支付意愿的概率和额度不仅受到受访者收入水平的影响，还反映了居民对城市生态系统内部基础设施服务及其便利程度的主观评价以及居民对生态服务的需求程度。③基于支付意愿的最大值，温江区休闲生态系统服务的价值约为 4.1 亿元。最后我们建议将城市生态系统服务的休闲价值整合到生态文明／绿色城市规划当中。

温江区生态系统服务的实施

　　城市生态系统服务评估结果显示温江区的城市绿地有着极高的价值。我们建议在实施生态文明建设时，城市生态系统评估应该纳入城市功能区和工业发展规划中。把生态功能区分为生态旅游区、成都海峡两岸科技产业开发园、现代服务产业园和预留的工业升级与技术创新园。温江区北部属于生态制造区，包括现代农业、花卉树木栽培，充分挖掘森林、湿地和绿道等绿色基础设施的休闲潜能，在推动地方经济发展的同时，吸引成都市区的游客来此放松休闲。

　　现代服务产业园集住区、商业区和文化区于一体，主要发展方向是提高服务产业的水平和质量，改善生活环境和提高居民的幸福指数。

　　成都海峡两岸科技产业开发园是一个现代的工业园区，旨在改善产业结构、发展低碳／低污染和高附加值的现代工业企业。科技园的主要目标是引导产业升级和推动研发。

4.3.8 波恩：社区间的项目"绿色C"和"绿色基础设施"综合行动方案

乔纳斯·米歇尔、戴维·拜尔、拉尔夫－乌韦·思博

科隆－波恩地区面积为4415km²，2012年的人口数量达到了357.35万人（Region Köln-Bonn，2012），而且还在不断增长，尤其是沿着作为主要交通和自然轴线的莱茵河地区。城区的扩张导致住区附近剩余的开放空间不断升值。开放空间变得日益稀缺，必须对其实施多功能利用。由于城市聚合吸引了大量的人口来此休憩和娱乐，因此对于城市休闲区域以及自然保护区和乡村景观的经营管理十分重要，尤其是在周末和假期。这些开放空间在以下方面十分重要：

— 确保充足的区域食物供应并保护城市农业。

— 在居民（建筑）密度不断加大的城区附近保留公共空间，为不同人群（如还没有考虑到的青年人）提供功能性休闲场所。

— 自然和物种保护，提供必要的环境教育以促进可持续发展。

本节尝试解决有限空间和绿地保护之间的矛盾。为了创造连贯的生境体系并为居民提供休闲场所，提高生活质量，推进地方软实力的发展，波恩市和相邻的城市启动了一个名为"绿C"的合作项目。景观质量吸引力（图4.29）已经成为越来越重要的评价标准，很大程度上影响居民是否在

图4.29 "跨越莱茵河"重要项目部分：重新设计的蒙多夫渡口
（图片来源：波恩市）

此定居。常规休闲空间保护、自然和农业对于提高绿色基础设施的质量至关重要。城市行政边界之外开放空间的协同发展可以作为公共城市规划的有益补充。

"绿 C" 项目是 "区域 2010" 框架下第一个成功的计划。经莱茵－锡格县几个城市（阿尔夫特、博尔恩海姆、特罗伊斯多夫、奥古斯丁和下卡塞尔）与波恩市一致同意在自愿的基础上实施开放空间保护，共同解决景观规划问题。其中一个重要议题就是在这个快速发展的地区，在激烈的投资和定居竞争压力下如何保留非城市化绿色空间。解决方法即将这些绿色空间连接起来以改善绿色出行方案并保护动物的迁徙。整个绿地系统以半圆的形式（所以被称为 "绿 C"）包围着波恩市密集度最高的住区，由环、站点、通道和边界等元素类型构成。

从蒙多夫附近的 "跨越莱茵河" 渡口开始（图 4.29，在地图上横跨了莱茵河），一个连贯的由步道和骑行道构成的系统延伸至莱茵河两岸，继而还衍生出几个分支。在竣工之后，该系统会把西岸的莱茵兰（Rheinland）和规划期东南部的七峰山（Siebengebirge）自然公园（地图中深绿色部分）通过西戈埃（Siegaue）自然保护区连接起来。

环：连接

所谓的 "环" 指的是 "绿 C" 系统中的连通小路。这些小路呈现不同的特征状态，吸引游客通过步行、骑行或轮滑等方式体验发现自然的乐趣。主要是对现有小路的改良或更新，整个 "绿 C" 系统中只有一些很小的间隙没有连通，主要是由于需要横穿公路，引导用户以安全的方式接近开放空间。

站点

人们可以从沿环路设置的 "站点" 信息栏获得关于自然和景观的有趣信息。这些信息栏展示或介绍历史、景观变化和土地利用情况以及对生物多样性的影响，也会对动植物的特性进行介绍。

通道和边界

"通道" 表示人类住区和开放景观之间的连接，可以让人们进入 "绿

C"系统。"边界"是维护开放空间的方法，是城市化地区和开放景观之间的界面。"通道"和"边界"应该尽可能的保持自然特征。由于地方具体情况不同，它们在宽度上可能会各不相同，有些部分甚至可以履行休闲区的功能。比如，沿边界的步道可供游客在傍晚散步，体验一段美好的时光。这种方法可以保护连贯的农业区和动物的避难所以及开放空间的稀有植物群。

在"绿 C"项目实施之后，在其最成功的部分之上，又开发了一个整合行动方案"绿色基础设施"。该行动方案的目的是依据相关社区的需要开发开放空间，其主要目标是维护并以可持续的方式塑造开放空间，为日益增加的人口提供一个有吸引力的场所。"绿 C"系统是该地区正在开发的"绿色基础设施"行动方案的支柱，因此应该予以加强。"绿色基础设施"行动方案的主要议题包括城市农业、地方休闲和自然保护。来自不同城市的利益相关者和普通民众在不同的工作坊里识别、讨论并选择行动目标和措施。该案例显示绿地的维护和开发并不仅仅局限于城市的行政辖区边界，"绿 C"框架下自发的社区间合作为该地区未来的发展指明了方向（图 4.30）。

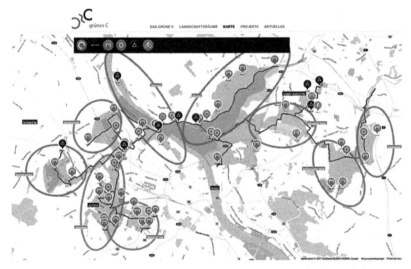

图 4.30 标注元素类型的"绿 C"互动地图
（图片来源：特罗伊斯多夫市 http://www.gruenes-c.de/karte/）

参考文献

Barthel S，Parker J，Ernstson H（2013）Food and Green Space in Cities：A Resilience Lens on Gardens and Urban Environmental Movements. Journal of Urban Studies 52（7）：1321–1338.

Becker C，Giseke U，Herrmann A，Neuhaus A（2015）Konzeptgutachten Freiraum München 2030. Entschleunigung – Verdichtung – Umwandlung. Draft December. www. muenchen.de/rathaus/dms/Home/Stadtverwaltung/Referat-fuer-Stadtplanung-und-Bauordnung/Veranstaltungen/ZfS_2016/FRM2030_ WEB.pdf. Accessed 15 June 2016.

北京市统计局（2010）北京统计年鉴 2010[M]. 北京：中国统计出版社 .

Beijing Statistical Bureau（2010）Beijing statistical yearbook. Beijing：China StatisticsPress（in Chinese）.

BfN – Bundesamt für Naturschutz（2008）Landscape planning – The basis of sustainable landscape development. Bundesamt für Naturschutz, Leipzig：（Federal Agency for Nature Conservation）. http：//www.bfn.de/fileadmin/ MDB/documents/themen/landschaftsplanung/landscape_planning_basis.pdf. Accessed 18 Aug 2016.

BfN – Bundesamt für Naturschutz（2012）Daten zur Natur 2012. Bundesamt für Naturschutz（Federal Agency for Nature Conservation），Landwirtschaftsverlag Münster.

BfN – Bundesamt für Naturschutz（2015）Naturschutz und Landschaftspflege in der integrierten Stadtentwicklung. Argumente，Positionen，Hintergründe. Bundesamt für Naturschutz, Bonn.

Bläser K，Danielzyk R，Fox-Kämper R，Funke L，Rawak M，Sondermann M （2012）Urbanes Grün in der integrierten Stadtentwicklung. Strategien，Projekte，Instrumente. Ministerium für Bauen，Wohnen，Stadtentwicklung und Verkehr des Landes Nordrhein-Westfalen，Düsseldorf.

Böhm J，Böhme C，Bunzel A，Kühnau C，Reinke M（2016）：Urbanes Grün in der doppelten Innenentwicklung. BfN-Skript 444，Bonn，Bad Godesberg.

Breuste J（2016）Was sind die Besonderheiten des Lebensraumes Stadt und wie gehen wir mit Stadtnatur um? In：Breuste J，Pauleit S，Haase D，Sauerwein M（eds） Stadtökosysteme. Funktion，Management Entwicklung. Springer，Berlin，85–128.

Breuste JH，Artmann M（2015）Allotment Gardens Contribute to Urban Ecosystem Service：Case Study Salzburg，Austria. Journal of Urban Planning and Development 141（3）：A2015001.

Breuste J, Pauleit S, Haase D, Sauerwein M（2016）Stadtökosysteme. Funktion, Management, Entwicklung. Berlin, Heidelberg.

Bruse M, Fleer H（1998）Simulating surface-plant-air interactions inside urban environments with a three dimensional numerical model. Environmental Modelling & Software（13）: 373-384.

BZ Berlin（2016）Chillen wie die Spießer. Berlins Laubenpieper werden immer jünger und hipper. http://www.bz-berlin.de/stadtleben/sommer-stadtleben/berlins-laubenpieper-werden-immer-juenger-und-hipper.Accessed 21 June 2016.

Cao XL, Liu GH, Zhang Y, Li XS（2016）Willingness-to-pay for recreation ecosystem services in urban Areas: a Case Study in Wenjiang District of Chengdu City, China. Acta, Ecologica, Sinica. In press（in Chinese）.

Castle H（2008）Dongtan, China's Flagship Eco-City: An Interview with Peter Head of Arup. Architectural Design 78（5）: 64–69.

Chang J, Feng S（2008）Strategies on Redevelopment of Mining City Industrial Wasteland. Urban Development Studies 02/2008: 54–57.

常江，Theo Koetter（2005）从采矿迹地到景观公园 [J]. 煤炭学报，30（3）: 399-402.

Chang J, Koetter T（2005）From abandoned mine land to landscape park. Journal of China Coal Society 30: 399–402.

Chang J, Wende W, Luo PJ, Deng YY（2011）Re-use of the Mining Wasteland. Tongji University Press, Shanghai. Cowell F R. 1978. The Garden as a Fine Art: from antiquity to modern times. Joseph, London.

Chen WY, Jim CY（2008）Assessment and valuation of the ecosystem services provided by urban forests. In: Carreiro MM, Song YC, Wu JG（eds）Ecology, Planning, and Management of Urban Forests. Springer, New York, pp 53–83.

City of Munich（2012）: Wohnen in München V. Wohnungsbauoffensive 2012–2016. Referat für Stadtplanung und Bauordnung, Munich.

City of Munich（2015a）Bevölkerungsbestand. Monatszahlen aus 2015. www.muenchen.de/rathaus/dms/Home/Stadtinfos/Statistik/bevoelkerung/Monatszahlen/bev_stand_05.pdf. Accessed 24 July 2015.

City of Munich（2015b）: Demografiebericht München – Teil 1. Analyse und Bevölkerungsprognose 2013 bis 2030. Referat für Stadtplanung und Bauordnung, Munich.

City of Munich（2015c）40 Jahre Wettbewerb Mehr Grün für München.www.muenchen.de/rathaus/dms/Home/Stadtverwaltung/Baureferat/wettbwerb_gruen_muenchen/pdf/

broschuere_mehrGruen/Brosch%C3%BCre_MehrGr%C3%BCn.pdf. Accessed 15 June 2016.

City of Munich（2016）: Schutzgebiete. www.muenchen.de/rathaus/ Stadtverwaltung /Referat-fuer-Stadtplanung-und-Bauordnung/Natur-Landschafts-Baumschutz/ Schutzgebiete.html. Accessed 28 Jan 2016.

Davies C，Hansen R，Rall E，Pauleit S，Lafortezza R，De Bellis Y，Santos A，Tosics I（2015）Green infrastructure planning and implementation. The status of European green space planning and implementation based on an analysis of selected European city-regions. http : //greensurge.eu/working-packages/wp5/files/Green_ Infrastructure_Planning_and_Implementation.pdf.Accessed 02 Sept 2016.

De Roo G（2000）Environmental conflicts in compact cities : complexity，decision making，and policy approaches. Environ. Plann. B : Plann. Des. 27 : 151–162.

Deng X，Peng XC，Tan CM（2010）The Review of the Functions and Characteristics of Roof Greening，and its Current Situations and Problems in China. Acta Scientiarum Naturalium Universitatis Sunyatseni（s1）: 99–101.

Drescher A（2001）The German Allotment Gardens – a Model For Poverty Alleviation and Food Security in Southern African Cities? In : Proceedings of the Sub-Regional Expert Meeting on Urban Horticulture，Stellenbosch，South Africa，FAO，University of Stellenbosch，15-19 Jan 2001.

Droste N，Schröter-Schlaack C，Hansjürgens B，Zimmermann H（in print）: Implementing Nature-based Solutions in Urban Areas : Financing and Governance Aspects.In : Kabisch N，Bonn A，Korn H，Stadler J（eds）Nature-based Solutions to Climate Change in Urban Areas. Springer Publisher，Berlin.

EC – European Commission（2012）Guidelines on best practice to limit，mitigate or compensate soil sealing（Commission staff working document）. EC，Brussels.

EEA – European Environment Agency（2011）Green Infrastructure and Territorial Cohesion. The Concept of Green Infrastructure and its Integration into Policies using Monitoring Systems. EEA Technical Report18，Copenhagen，Denmark.

Espey M，Owusu-Edusei K（2001）Neighborhood parks and residential poperty values in Greenville，South Carolina. Journal of Agricultural and Applied Economics 33（3）: 487–492.

冯姗姗，常江，侯伟（2016）GI引导下的采煤塌陷地生态恢复优先级评价 [J]. 生态学报，36(9) : 2724-2731.

Feng SS, Chang J, Hou W（2016）A framework for setting restoration priorities for coal subsidence areas based on green infrastructure（GI）. Acta Ecologica Sinica 26：2724–2731.

Gärtner S（2015）Towards BiodiverCity Mainz – Current Processes in the capital of Rheinland-Palatinate. Presentation to the 8th Sino-German Workshop：Integration of Ecological Aspects in City Planning, Berlin, 19 June 2015.

Gawel E（1995）Die kommunalen Gebühren.Duncker & Humboldt, Berlin.

Gawel E（2016）Environmental and Resource Costs Under Article 9 Water Framework Directive. Challenges For the Implementation of the Principle of Cost Recovery For Water Services. Duncker & Humblot, Berlin.

Georgi JN, Dimitriou D（2010）The contribution of urban green spaces to the improvement of environment in cities：case study of Chania, Greece. Build Environ 45：1401–1414.

Georgieva Y（2015）10 Cities That Are Reinventing The Relationship With Their Rivers. Posted by LAN 25 Aug 2015 in Environment Posts, Landscape architecture Posts, Riverside. https：//landarchs.com/10-cities-that-are-reinventing-the-relationship-with-their-rivers/.

Geyler S, Bedtke N, Gawel E（2014）Sustainable Rainwater Management in Existing Settlements. GWF Wasser, Abwasser 155（1）：96–102, 155（2）：214–222 .

Hansen R. Pauleit S（2014）From Multifunctionality to Multiple Ecosystem Services? A Conceptual Framework for Multifunctionality in Green Infrastructure Planning for Urban Areas. Ambio 43（4）：516–529.

Heiland S, Rößler S, Wende W（2016）9.4.1 Formelle planerische Instrumente. In：Kowarik I, Bartz R, Brenck M（Hrsg）Ökosystemleistungen in der Stadt：Gesundheit schützen und Lebensqualität erhöhen. Technische Universität Berlin, Helmholtz-Zentrum für Umweltforschung - UFZ, Berlin, Leipzig, pp 236–245.

胡庭浩，程冬东，熊惠，秦晴（2016）基于老年友好型城市视角的徐州老年公共服务设施建设 [J]. 江苏师范大学学报（自然科学版）（01）：15-18.

Hu T, Cheng D, Xiong H, Qin Q（2016a）Construction of Xuzhou Elderly Public Service Facilities under the Perspective of Age-Friendly. Journal of Jiangsu Normal University（Natural Science Edition）01/2016：15–18.

胡庭浩，沈山（2014）老年友好型城市研究进展与建设实践 [J]. 现代城市研究（9）：

14-20.

Hu T，Shen S（2014）Research Progress and Construction Practice of Age-Friendly City. Modern Urban Research 09/2014：14–20.

Hu T，Shen S，ChangJ（2016b）Research Progress and Construction Practice of Age-Friendly City. Case Studies of New York City，the U.S and London，Canada. Urban Planning International 04/2016：127–130.

Ioannou B，Morán N，Sondermann M，Certomà C，Hardman M（2016）Grassroots gardening movements：towards cooperative forms of green urban development? In：Bell S，Fox-Kämper R，Keshavarz N，Benson M，Caputo S，Noori S，Voigt A（eds）Urban Allotment Gardens in Europe. Routledge，New York，pp 62–90.

Kambites C，Owen S（2006）Renewed prospects for green infrastructure planning in the UK. Planning Practice and Research 21：483–496.

Keeley M，Koburger A，Dolowitz DP，Medearis D，Nickel D，Shuster W（2013）Perspectives on the Use of Green Infrastructure for Stormwater Management in Cleveland and Milwaukee. Environmental Management 51：1093–1108.

Keshavaraz N，Bell S（2016）A history of urban gardens in Europe. In：Bell S，Fox-Kämper R，Keshavarz N，Benson M，Caputo S，Noori S，Voigt A（eds）Urban Allotment Gardens in Europe. Routledge，New York，pp 8–32.

Küchler J，ShaoY（2017）Vom Volkspark zur Stadtlandschaft. Ein Jahrhundert modernes Stadtgrün in China. Stadt + Grün 2：35–41.

Leung KH（2005）Wherever there is a road，there is greening. Hong Kong Highways Department Newsletter Landscape（2）：1–4.http：//www.hyd.gov.hk/ENG/ PUBLIC/ PUBLICATIONS/newsletter/2005/Issue2/E205A10.pdf. Accessed 15 Apr 2015.

上海市城市总体编制工作领导小组办公室（2015）上海市城市总体规划（2015—2040）纲要概要 [R/OL].

LGSMP – Leading Group of the Shanghai Master Plan（2015）Outline of the Shanghai Master Plan（2015 – 2040）. Shanghai. img.thupdi.com/news/2016/01/ 1453791519864576.pdf. Accessed 20 Aug 2016.

LH Dresden – Landeshauptstadt Dresden（2014）Landschaftsplan der Landeshauptstadt Dresden. Entwurf（Stand：Juni 2014）. http：//www.dresden.de/ de/stadtraum/ umwelt/umwelt/landschaftsplan/unterlagen_landschaftsplan.php.https：//www. dresden.de/media/pdf/umwelt/LP_Erlaeuterungstext.pdf. Accessed 2 Sept 2016.

LH Dresden – Landeshauptstadt Dresden（2016a）Zukunft Dresden 2025+. Integriertes Stadtentwicklungskonzept Dresden（INSEK）. –http：// www.dresden.de/media/pdf/ stadtplanung/stadtplanung/spa_insek_Broschuere_DD_2025_final_Internet_n.pdf. Accessed 2 Sept 2016.

LH Dresden – Landeshauptstadt Dresden（2016b）Kommunale Statistikstelle. https：// www.dresden.de/de/leben/stadtportrait/statistik/.Accessed 6 June 2017.

Li J，Wang Y，Song Y-C（2008）Landscape Corridors in Shanghai and Their Importance in Urban Forest Planning. In：Carreiro MM，Song Y-C，Wu J（eds）Ecology，Planning，and Management of Urban Forests：International Perspectives. Springer Series on Environmental Management，New York，pp 219–239. faculty. ecnu.edu.cn/.../613b11a9-674e-4766-978d-aa25da954b81.pdf.x.Accessed 18 Aug 2016.

Li L（2010）Cost control of the conservation and management for urban green spaces. Journal of Jiangsu Forestry Science & Technology 01/2010：32–36.

Liu W，Huang X（2007）Shanghai urban planning. Shanghai.

李秀山，刘高慧，曹先磊，杜乐山（2016）城市生物多样性保护支付意愿影响因素及价值评估：以成都市温江区为例 [J]. 环境保护，44（03-04）：18–25.

Li XS，Liu GH，Cao XL，Du LS（2016）Factors Influencing Willingness to Pay for the Urban Biodiversity and Its Value Evaluation：Set Wenjiang District in Chengdu City as an Example. Environmental Protection 44（03-04）：18–25（in Chinese）.

林祖锐，常江，王卫（2009）城乡统筹下徐州矿区塌陷地生态修复规划研究 [J]. 现代城市研究（10）：91–95.

Lin Z，Chang J，Wang W（2009）Research on Planning of Subsidence Land's Ecological Restoration in Xuzhou Mining Area under the Framework of Urban-Rural Coordination. Modern Urban Research 10/2009：91–95.

Mathey J，Rößler S，Banse J，Lehmann I，Bräuer A（2015）Brownfields as an Element of Green Infrastructure for Implementing Ecosystem Services into Urban Areas. Journal of Urban Planning and Development 141（3）：A4015001–1 to A4015001-13.doi：10.1061/（ASCE）UP.1943-5444.0000275.

城市绿地分类标准：CJJ/T 85—2002[S]. 北京：中国建筑工业出版社，2002.

Ministry of Construction（2002）Standard for Classification of Urban Green Space，CJJ/T 85-2002，J185-2002. Ministry of Construction Press，Beijing（in Chinese）.

牟凤云，张增祥，迟耀斌，等（2007）基于多源遥感数据的北京市 1973—2005 年间城市建成区的动态监测与驱动力分析 [J]. 遥感学报，11（2）：257–268.

Mu FY，Zhang ZX，Chi YB，Liu B，Zhou QB，Wang CY et al（2007）Dynamic monitoring of built-up area in Beijing during 1973–2005 based on multi-original remote sensed images. Journal of Remote Sensing 11（2）：257–268（in Chinese）.

Municipal Sewage Works of the City of Munich（2012）Niederschlagswasser-gebühren. www.muenchen.de/rathaus/dam/jcr：a740b22a-74cd-4093-ba58-a17fed629cdc/niederschlagswassergebuehren.pdf. Accessed 18 Jan 2017.

国家统计局城市与社会经济调查司（2009）中国城市统计年鉴 [M]. 北京：中国统计出版社 .

National Bureau of Statistics of China，Department of Urban & Social Economic Survey（2009）China city statistical yearbook. China Statistics Press，Beijing.

Pawlikowska-Piechotka A（2011）Child-friendly urban environment and playgrounds in Warsaw. Open House Int 36（4）：98–110.

渠爱雪，卞正富，朱传耿，等（2009）徐州城区土地利用变化过程与格局 [J]. 地理研究（01）：97–108，276.

Qu AX，Bian ZF，Zhu CG et al（2009）Urban land use change process and pattern in Xuzhou.Geographical Research 01/2009：97–108，276.

Region Köln-Bonn（2012）Die Region in Zahlen. http：//www.region-koeln-bonn.de/de/region/zahlen-daten-fakten/index.html. Accessed 25 Jan 2017.

REGKLAM – Regional Climate Change Adaptation Programme Dresden Region（2012）Managing risks，seizing opportunities The Dresden region faces up to climate change. Abridged version，draft，Dresden. http：//www.regklam.de/ fileadmin/ Daten_Redaktion/Publikationen/REGKLAM_ManagingRisks_abridged.pdf. Accessed 2 Sept 2016.

Rittel K，Bredow L，Wanka ER，Hokema D，Schuppe G，Wilke T，Nowak D，Heiland S（2014）Green，natural，healthy：The potential of multifunctional urban spaces. Final Report. R&D Project FKZ 3511 82 800 Federal Agency for Nature Conservation，107 p.

Rößler S，Albrecht J（2015）Umsetzung freiraumplanerischer Klimaanpassungs-maßnahmen durch stadt- und umweltplanerische Instrumente. In：Knieling J，

Müller B（Hrsg）Klimaanpassung in der Stadt- und Regionalentwicklung – Ansätze，Instrumente，Maßnahmen und Beispiele. Klimawandel in Regionen zukunftsfähig gestalten. oekom Verlag，München，Bd 7：243–270.

Rößler S，Sondermann M，Herbst T（2016）9.4.2 Informelle planerische Konzepte und Instrumente. In：Kowarik I，Bartz R，Brenck M（Hrsg）Ökosystemleistungen in der Stadt：Gesundheit schützen und Lebensqualität erhöhen. Technische Universität Berlin，Helmholtz-Zentrum für Umweltforschung – UFZ，Berlin，Leipzig，pp 245–251.

Rosol M（2012）Community Volunteering as Neoliberal Strategy? Green Space Production in Berlin. Antipode 44（1）：239–257.

Rüger J，Gawel E，Kern K（2015）Reforming the German Rain Water Charge – Approaches for an Incentive-Oriented but Still Workable Design of the Charge，GWF–Wasser，Abwasser 156（3）：364–372.

Santos R，Schröter-Schlaack C，Antunes P，Ring I，Clemente P（2015）Reviewing the role of habitat banking and tradable development rights in the conservation policy mix. Environmental Conservation 42：294–305.

SBA 设计（2013）上海市崇明新城总体规划 [EB/OL]. http://www.sba-int.com/.

SBA design（2013）Masterplan of new Chongming city Shanghai. http：//www.sba-int.com/.Accessed 31 Dec 2013.

Schröder A，Arndt T，Mayer F（2016）Naturschutz in der Stadt – Grundlagen，Ziele und Perspektiven. Natur und Landschaft 7：306–313.

Schröter-Schlaack C（2013）Steuerung der Flächeninanspruchnahme durch Planung und handelbare Flächenausweisungsrechte. Helmholtz-Zentrum für Umweltforschung – UFZ，Leipzig. Senatsverwaltung für Stadtentwicklung und Umwelt：Kleingärten. Daten und Fakten. http：//www.stadtentwicklung.berlin.de/ umwelt/stadtgruen/ kleingaerten/de/daten_fakten/index.shtml. Accessed 21 June 2016.

Senatsverwaltung für Stadtentwicklung（2004）Kleingartenentwicklungsplan Berlin. http：//www.stadtentwicklung.berlin.de/umwelt/stadtgruen/kleingaerten/downloads/ KEP-TEXT_2004.pdf. Accessed 21 June 2016.

Senatsverwaltung für Stadtentwicklung und Umwelt（no year）Kleingärten. Daten und Fakten. http：//www.stadtentwicklung.berlin.de/umwelt/stadtgruen/ kleingaerten/de/ daten_fakten/index.shtml. Accessed 21 June 2016 .

上海市统计局（2014）上海市统计年鉴 2014[R/OL].http://www.stats-sh.gov.cn/ data/ toTjnj.xhtml?y=2014e.

Shanghai Municipal Statistics Bureau（2014）Shanghai Statistical Yearbook 2014. http：//www.stats-sh.gov.cn/ data/toTjnj.xhtml?y=2014e. Accessed 8 May 2015.

沈山，林立伟，江国逊（2012）城乡规划评估理论与实证研究 [M]. 南京：东南大学出版社.

Shen S，Lin L，Jiang G（2012）：Theoretical and Empirical of Urban Planning Assessment. Southeast University Press，Nanjing.

上海市统计局（2006）上海统计 [R/OL]. http://www.stats-sh.gov.cn/2004shtj/tjnj/ tjnj2007e.htm.

SMSB – Shanghai Municipal Statistics Bureau（2006）Shanghai Statistics.http：//www. stats-sh.gov.cn/2004shtj/tjnj/tjnj2007e.htm. Accessed 2 Apr 2009.

Sondermann M，Rößler S（2016）Wege zur Umsetzung – Integration von Ökosystemleistungen in Entscheidungen der Stadtentwicklung：9.1 Leitbilder erstellen，Orientierung bieten. In：Kowarik I，Bartz R，Brenck M（Hrsg）Ökosystemleistungen in der Stadt：Gesundheit schützen und Lebensqualität erhöhen. UFZ，Leipzig，pp 218–221. http：//www.naturkapital-teeb.de/fileadmin/Downloads/ Projekteigene_Publikationen/TEEB_Broschueren/TEEB_DE_Stadtbericht_ Langfassung.pdf. Accessed 02 Sept 2016.

Spash CL（2006）Non-economic motivation for contingent values：rights and attitudinal beliefs in the willingness to pay for environmental improvements. Journal of Land Economics 82（4）：602–622.

Sukhdev P，Wittmer H，Schröter-Schlaack C，Nesshöver C，Bishop J，Ten Brink P，Gundimeda H，Kumar P，Simmons B（2010）The Economics of Ecosystems and Biodiversity：Mainstreaming the Economics of Nature：a Synthesis of the Approach，Conclusions and Recommendations of TEEB. TEEB，Malta，pp 20–24.

上海城市规划管理局，上海市城市规划设计研究院（2001）上海市城市总体规划（1999 年—2020 年）[Z].

SUPAB – Shanghai Urban Planning Administration Bureau，SUPDRI – Shanghai Urban Planning and Design Research Institute（no year）Summary of the Comprehensive Plan of Shanghai（1999 – 2020）. Shanghai.

Wang XX（2008）Beijing practices tackling climate change. International Journal of Urban Sciences 12（1）：40–48.

Wende W，Huelsmann W，Marty M，Penn-Bressel G，Bobylev N（2010）Climate Protection and compact urban structures in spatial planning and local construction plans in Germany. Land Use Policy 27（3）：864–868.

Wende W, Rößler S，Held F（2013）Green City Lab. Leistungen von Stadtbäumen und-vegetation für einen stadtklimatischen Ausgleich-eine Modellierung am Beispiel Dresdens. In：Roloff A，Thiel D, Weiss H (eds) Aktuelle Fragen der Stadtbaumplanung,-pflege und-verwendung. Forstwissenschaftliche Beiträge Tharandt. Contributions to Forest Sciences, Beiheft 14.

Wessolek G，Nehls T，Kluge B（2014）Bodenüberformung und Versiegelung. In：Blume H-P，Horn R，Thiele-Bruhn S（eds）Handbuch des Bodenschutzes.Wiley-VCH，Weinheim，pp 155–169.

WHO – World Health Organization（1946）WHO definition of Health. In：Preamble to the Constitution of the World Health Organization as adopted by the International Health Conference，New York，19-22 June 1946. Official Records of the World Health Organization 2，p 100.

Wirth P，Cernic Mali B，Fischer W（2012）Post-Mining Regions in Central Europe – Problems，Potentials，Possibilities. In：Wujun L，Xiang H（eds）（2007）Shanghai Urban Planning. Shanghai. oekom München.

Wirth P，Lintz G（2007）Strategies of Rehabilitation and Development in European Mining Regions. In：Good（Best）Practice Cases in Regional Development after Mining and Industry.Grazer Schriften für Geographie und Raumforschung 42：75–85.

Wenhui Y（2009）Shanghai Urban Greening. In：Land N（ed）（2009）Urbanatomy Shanghai 2009. Shanghai，pp 287–293.

Wolch J，Jerrett M，Reynolds K，McConnell R，Chang R，Dahmann N et al（2011）Childhood obesity and proximity to urban parks and recreational resources：a longitudinal cohort study. Health Place 17（1）：207–214.

Wujun L，Xiang H（2007）Shanghai Urban Planning. Shanghai.

Xiao N（2015）Biodiversity and Ecosystem services in Beijing City. 8th Sino-German Workshop on Biodiversity Conservation，Berlin，19 June 2015.

谢枝丽，宋长英（2014）生态环境保护与治理中的政府干预手段探究 [J]. 长春工业大学学报 (社会科学版)，26(06)：4-6.

Xie ZZ，Song CY（2014）Research on Government Intervention of Ecological Environment Protection. Journal of Changchun University of Technology，Social Science Edition 06/2014：4–6.

徐州统计局（2015）2015 年徐州国民经济发展统计公报 [EB/OL]. http://www.xz.gov.cn/zgxz/zwgk/20160316/008016002cf4758ef-5b90-4c26-9de1-89df7bb30be1.htm.

Xuzhou Statistics（2015）2015 Xuzhou statistical bulletin of the national economy development. http：//www.xz.gov.cn/zgxz/zwgk/20160316/008016002_ cf4758ef-5b90-4c26-9de1-89df7bb30be1.htm. Accessed 16 Mar 2016.

Yang J，McBride J，Zhou JX et al（2005）The urban forest in Beijing and its role in air pollution reduction. Urban Forestry & Urban Greening 3：65–78.

You W（2009）Shanghai urban green. In：Land N（ed）（2009）Urbanatomy Shanghai 2009. Shanghai，pp287–293.

Yu D，Jiang Y，Kang M，Tian Y，Duan J（2011）Integrated Urban Land-Use Planning Based on Improving Ecosystem Service：Panyu Case，in a Typical Development Area in China.J. Urban Plann. Dev. 137（4）：448–458.

Zhang B，Xie GD，Zhang CQ et al（2012）The economic benefits of rainwater-runoff reduction by urban green spaces：A case study in Beijing，China. Journal of Environmental Management 100：65–71.

Zhang B，Xie GD，Gao JX et al（2014）The cooling effect of urban green spaces as a contribution to energy-saving and emission-reduction：a case study in Beijing，China. Building and Environment 76：37–43.

Zhang B，Xie GD，Li N et al（2015）Effect of urban green space changes on the role of rainwater runoff reduction in Beijing，China. Landscape and Urban Planning 140：8–16.

张乃彦（2014）西安市城市公共绿地养护存在问题与对策 [J].陕西林业科技（5）：107–109.

Zhang NN（2014）Maintenance Problems and Countermeasures of Public Green Space in Xi'an Urban Area. Shanxi Forest Science and Technology 05：107–109.

赵美玉，万雨佳，文策，赵丽娅（2019）城市绿色生态系统休憩娱乐服务支付意愿及价值评估：以武汉市汉阳区为例 [J].环境保护前沿，9（3）：315-321.

周一虹，赵俊（2005）我国环境管理中经济手段应用探讨 [J].科学经济社会（2）：62-64，83.

Zhou YH，Zhao J（2005）On the Employment of Economic Tools in Chinese Environmental Management. SCIENCE·ECONOMY·SOCIETY 02： 62–64，83.

朱义，李莉，陈辉（2011）国内外屋顶绿化政策激励措施 [J]. 园林（8）：14-18.

Zhu Y，Li L，Chen GH（2011）Roof greening policy incentives in China and abroad. Gardens 08： 14–18.

5 面向绿色城市——行动与建议

卡斯滕·古内瓦尔德、李纳德、
胡庭浩、侯伟、徐巧巧

为了更好地维护和开发城市绿色空间，城市可持续发展需要协调相关的个人、单位、不同的政策领域以及不同层面的国家规划（区域、城市和区县层面）。绿色城市发展需要政府、公众、企业和其他利益相关者联合行动。本书的最后一章阐述了如何应对这一巨大挑战，以及支持各利益相关方更好地开展工作的建议。这些建议基于中德双边实地考察和案例研究的成果，给出了如何将生物多样性和生态服务整合进城市景观规划的行动指南，并简要探讨了国家之间（如中国和德国）如何在科学、政策和实践方面更好地交流与合作，同时也指明了下一步研究的方向和需求。

5.1 如何应对挑战？

卡斯滕·古内瓦尔德、玛蒂娜·阿尔特曼、奥拉夫·巴斯蒂安、约尔根·波伊斯特、陈博平、胡庭浩、丹尼斯·卡利什、李纳德、李秀山、尤利娅妮·马泰、斯蒂芬妮·罗塞勒斯、拉尔夫－乌韦·思博、侯伟、亨利·韦斯特曼、石晓亮

城市绿色空间对于可持续性发展的贡献是多方面的。对于以宜居、居

民福祉和未来为导向的各级城市而言，城市绿色空间是实现这一切的必要
前提。生态系统服务的概念可以是一个综合工具，辅助紧凑型城市绿色空
间的规划、开发和管理（Artmann et al，2017）。它详细说明了生态系统提
供给居民和当地社区的社会效益，并直接将景观规划中（见 **5.2**）的生态
资产（图 5.1）和受益人联系起来。但是我们怎样才能把城市生态系统和
城市的结构及形态结合起来呢？生态过程需要空间和时间，我们需要同
时考虑生态和经济发展，但城市中的空间是有限的。

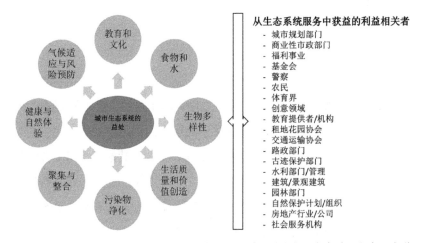

图 5.1　城市绿色空间的效益（左）和其利益相关者（右）© 卡斯滕·古内瓦尔德

　　例如，和中国与德国城市中的许多绿地一样，上海城市绿地系统（见
4.3）的实际效益并没有得到充分评价。城市绿地及其管理需要投入大量
的资金（如规划、实施和管理成本），同时政治上也要求平衡成本和收益。
因此，中德两国都需要去平衡生态系统服务，开发合适的工具去评估生物
多样性和生态系统服务的价值、社会群体所获得的收益以及到底有多少人
真正从中受益。

　　2.1 节指出了中德两国发展绿色城市过程中遇到的各种挑战，框 5.1
简要概括了应对挑战的建议。两国都面临着城市化问题，但各自城市化进
程的现状、动态和形式、管控又不尽相同。在快速城市化阶段，个人和社
会福利会增加资源消耗，尤其是土地和能源消耗。与此同时，两国都认识

框 5.1　应对中德两国发展绿色城市所遇到的挑战（参见框 2.2）

寻找方法：

1. 限制城市土地开发，实现城市发展从量到质的转变

有限的资源必须用于为越来越多的城市人口提供优质的生活和健康的环境。我们迫切需要找到有效利用城市资源（如能源和物质）的办法。城市的经济和物理增长应该基于现有的城市结构，并把资源消耗降到最低。如城市绿带之类的绿色基础设施能够有助于限制城市扩张。

2. 找到最佳的城市形态，整合各种自然元素

整合了绿色空间的紧凑型城市被认为是可持续的城市形式，可以减少城市扩张和城市内部的资源消耗。

3. 创造健康的城市生活条件

城市绿色空间的位置、空间和生态系统服务决定了这些绿地是健康城市生活条件的重要组成部分。德国已经达到了很高的城市标准，并且仍在不断努力进行维护和改进。健康的城市生活条件必须通过标准进行界定、监督和执行。中国有着巨大的潜力来克服自己这方面的不足。

4. 城市绿色空间的合理利用和管理以适应气候变化（适宜的结构和管理）

城市绿色空间可以减轻城市热量和水文的效应，降低与气候相关的自然灾难的影响，并有助于降低脆弱人群（如儿童、老年人和残疾人）的健康风险。城市绿地必须要和社区结合起来，最好是设置在最需要的地方（气候负效应最高、脆弱人群最多的地方）。

5. 确保所有的城市居民能够从城市绿地中获益

新的城市公园应该为所有城市居民提供他们需要的生态系统服务，坐落于可达性佳的位置，延伸和改善其功能性以使大多数城市居民可以从中受益（环境公平）。

6. 让公众参与到城市绿色空间的规划、决策和设计以及管理中

城市绿色空间规划的教育和信息共享应该是公民参与的第一步。当地居民对社区规划献计献策，决策者对此应该欢迎并予以认真对待，即使这会导致决策过程变得更慢和更复杂。

7. 改善现有科学和实践知识的可获得性以及适用性以便更好地支持决策制定和城市设计

现有的科学和实践知识需保证城市规划设计者能都获得并且适用，而且

设计者和决策者应紧密合作，确保目标和标准一致。

8. 利用有限的公共预算实现绿色城市

为了实现这一目标，需要找到自我维护以及公私合作建设和管理城市绿色空间的新形式。所有形式的自然都应该受到欢迎，这需要开展城市自然效益和风险教育才能实现。在管理城市绿地和尽可能提高其可达性方面应该引入公私合伙人制度。公民的保护和参与对于绿地的维护十分有价值。

9. 为了人类的自然体验和益处，将所有形式的自然整合到城市发展中

加强人与自然的接触不仅仅需要考虑传统的城市公园，还需要把许多近自然的元素，比如质朴的自然风光、乡村景观（农田）遗迹、园艺改造过的自然与新兴的城市野生自然等纳入考虑的范畴。

10. 发展生态区县，打造新型生态城市

蓝-绿基础设施是生态城市概念的核心，同时也体现了城市生活品质。生态城市可以满足居民对城市环境的需要，提供众多的生态系统服务诸如缓解气候变化带来的影响、保护生物多样性，提供环境教育和接触自然的机会等。生态区县可以在现有的城市模式基础上进行开发，也可以（当然主要是在中国）建造新型设计的优化生态城市。

到保护、发展和提高城市绿地的质与量，以及从生态系统服务中获益以提高城市居民幸福感的紧迫需要。

中德两国政府都承诺要加强可持续性城市发展，并将之作为其责任的一部分。在 2015 年德国颁布的"绿皮书"，第一次跨部门概述了对城市绿色空间的理解和认识（BMUB，2015）。这只是漫漫征程的第一步，以此为契机，新的城市绿色空间综合发展策略将会被开发并实施。在此基础上，德国启动了"白皮书"，发起了面向绿色城市发展和行动建议的广泛对话。对话的结果已经于 2017 年 5 月发表，也可以作为其他国家如中国的行动指南。

整体设想和综合策略有助于不同利益相关方相互协商并聚焦城市发展的共同原则和目标。城市生物多样性和城市绿色空间的策略及概念可以将行政与公民社会力量汇集起来，贯彻执行适宜的措施，实现既定目标。构

建城市绿色空间是一项极其重要的公共责任，应该得到相关部门的重视。在规划、决策、协商等过程中应该充分借助如"绿色基础设施"和"绿色城市"这样的术语力量。相应地，应该重新塑造城市形象，例如从"汽车友好型城市"向"环境友好型城市"转变，或者从"扩张型城市"向"绿色网络中的紧凑型城市"转变。从目前德国的"绿皮书/白皮书"（BMUB，2015）中总结出来的进一步发展需求以及本书的主要建议如下：

1. 新的城市发展必须有明确的生态目标，对发展结果的监控和测量必须得到保障。城市发展政策中的生物多样性主流化以及建立完备的生态系统服务指标体系等，自然资本应该纳入国家报告和财政体系。基于个案研究结果，我们提出了下列措施和目标：

1）在城市中设定覆土阈值；

2）严格保护现有的高品质城市绿地（确立城市绿地"无净损原则"）；

3）提高城市绿地的质和量，保障居民充足平等享受绿地的机会。

2. 作为整体城市规划的手段，绿地发展规划或城市绿色总体规划要发挥个人主动性，增强综合规划意识。这些必须和"零公顷策略"（新覆土面积和非覆土面积保持平衡，无净增覆土面积）和"无净损策略"（生态系统服务和生物多样性间的平衡）保持一致。学者研究了城市化的各个方面以及中国特有的土地管理体系，认为当前中国自上而下的指令和强制性的控制模式严重依赖中央政府（Qian et al，2016）。我们认为自上而下的、由政策引导的模式可以保证市级层面上城市发展和绿地的最优分配，但是地方政府也需要它们自己的行动范围（见 **2.2** 和 **4.1**）。

3. 应该为建设和开发项目确定行动指南，平衡建筑成本和绿地营造；鼓励节约空间型建造模式并启封未利用或未充分利用的不透水表面；在填充式开发/再聚化情况下，务必保证生活质量（德国所谓的"双重内部开发"策略）；住区和城市范围内空地/绿地建设指南应该具备约束力（景观计划、建筑立法等）。

4. 鉴于城市绿色空间对居民的重要性，市政当局应当尽可能地开发并维护城市绿色空间。考虑到投资计划通常只关注住宅和交通基础设施，城市发展需要对自然和环境设立专门的投资项目和计划。同时，现有的投资项目（如针对水灾或者气候保护等）也需要更多地考虑绿色解决方案。

5.为了发展多功能城市，干预手段（环境影响评估或者补偿义务）必不可少而且应该在当前的土地利用和城市绿色空间规划上得到加强。需要对城市中新建成的开放空间予以生态补偿。建筑绿化应该与干预和补偿措施结合起来，并控制好实施过程，如公众可以获取土地清册／陈述等手段。

6.必须认识到城市绿色空间作为文化遗产和吸引旅游（城市形象）的价值所在。德国的城堡和园林，中国的寺庙、传统民居和园林设施都是国家文化遗产的一部分，在城市地区尤为如此。但是这些地方提供生境以及调控和文化方面的生态系统服务功能还有待提升（见 **4.2**），这对于城市的经济发展也有着重要意义。

总体而言，快速发展的城市化进程中，中国很多新的城市、城区增添了更多的绿色空间。在德国，城市常常不再增长或者增长缓慢，有时候甚至还会缩小，这为在现有的城市格局内部进行绿化提供了新的视角。中国 2015 年颁布的《推进生态文明体制改革总体方案》将发展绿色城市的观念常规化、惯例化。该方案旨在宣传尊重自然、保护自然并从自然中获益。保护环境，尤其是在城市地区，是高度优先的基本政策。致力于平衡城市化和自然的关系，使得两国在城市发展理念上走得更近，也使人们能从城市这一大多数人居住的生活空间中获益。

通过自上而下的政策和战略，"绿色城市"概念的发展成为两国关注的一个焦点。这一概念可以在不同规模上得以发展实施：

1）整个城市，这个意义上中国是"生态城市"概念的世界领跑者；

2）新建和已建成的城市区县；

3）城市中一些小块绿地，这些绿地可以被整合到新的和现有的城市格局中。

为了满足人们的需求，我们不仅需要建造更多的城市绿地，还需要不断提升城市绿色空间的质量。城市生态系统方法可以作为一种工具，将城市绿色空间和生物多样性保护与城市居民及其益处结合起来，促进两者的协同发展。

对于利益相关者和地方决策者而言，可以利用基于生态系统的综合方案解决下列主要挑战（关于持续的城市化进程、对稀缺土地和资源的竞争及需要）：

（1）确保绿地数量（占比）：把所有形式的城市植被整合到一个连贯的绿–蓝基础设施网络中。

建议 / 行动目标	示例	在本书的下列章节有所阐述
利用现代概念和有约束力的政治策略；制定政策、目标和激励机制减少城市土地开发；制定城市 / 区县各自的策略和理念应对当地的挑战、要求和机遇；明确所在城市的绿地标准 / 目标值	生态系统服务概念、城市生物多样性和行动方案；德国政府设定的日覆土最高额度不超过 30hm^2；欧盟的"无净损"策略；设立激励机制尽量避免覆土；中国政府的生态城市 / 园林城市概念；参考基准（如世界卫生组织建议的人均绿地面积不少于 9m^2）	2.1/2.2（策略与概念）3.7（标准 / 目标值）
保障绿色空间的合理分布	绿色网络中的紧凑型城市；尊重自然，尽可能地保护和低影响开发城市绿色空间、水体和湿地	4.3.6（德累斯顿市的形象定位）
在新开发的地块上构建绿色元素；连接灰色和绿色基础设施	打造新的公园、园林和草地；道路两旁的绿化；棕地的再自然化；不覆土；保留并维护各种小规模的绿地（如住宅后院绿化、屋顶和墙体绿化、住区里面和附近的袖珍花园）	4.3.4（慕尼黑）4.3.3（上海）
推动生活资源的自给自足以实现再生型城市；鼓励各种形式的城市农业；大力推广屋顶和墙体绿化；改善城市的自然资源再生能力	保护耕地；推广社区园林和自留地；评估与城市绿地相关的生态系统服务的供需状况	3.5（提供生态系统服务）4.3.2（柏林的园林）

（2）提高城市绿色空间的经济、社会和生态效益（功能性、设计）。

建议 / 行动目标	示例	在本书的下列章节有所阐述
促进生物多样性保护；强化绿色基础设施的网络功能；重视保护区和物种的价值	保护生境多样性；物种多样性、营养源、繁殖与避难栖息地；将自然演替与城市绿色系统 / 城市绿色基础设施建设结合起来，关注动态变化；建立自然保护区；制定城市整体范围内的生物多样性战略	3.2、4.2、4.3 4.3.8（波恩）
提高城市树木的存量（在所有城市实施树木保护法令）、保护树木	保护古树和珍稀树木；在施工期间注意树木保护；植树造林	3.3.3（树木有助于改善空气质量） 4.3.1（北京大规模植树造林）
提高对城市绿色空间生态系统服务的认识	进一步改善城市绿色空间：提升居民健康和生活质量；调节气候—水—空气 / 能源状况；提供休闲机会；减缓压力、消除焦虑	4.3.1 3.1、3.3、3.4 框 4.1
升级现有区域；重组与土地更新有关的产业	棕地、废弃矿区等土地转型	4.3.6（徐州）
创造体验自然的空间；保护用以运动、娱乐和锻炼的绿色区域	根据不同人群（如儿童和老年人）的需求开发城市绿色空间	4.2、4.3.8

（3）使用最佳规划方法、手段管理工具等。

建议 / 行动目标	示例	在本书的下列章节有所阐述
明确城市定位和战略目标；收集数据 / 信息（创造、收集、获取）；能力建设（知识、组织能力）	上海会变得更加绿色环保；成都温江区作为试点区（"园林城市"）；德累斯顿城市形象定位（生态网络中的紧凑型城市）	2.3、4.3 中所有的个案示例
加强管理：法律法规（如标准和费用透明）、政策制定、机构设置	补偿机制、责任义务、合伙伙伴、决策制定过程、政策整合 / 协调；把生态系统服务作为指导原则	4.1 4.3.1

续表

建议／行动目标	示例	在本书的下列章节有所阐述
利用"反补贴影响规划原则"（混合规划或自上而下／自下而上的规划）	将绿地规划和其他类型的规划整合在一起或者不同规划之间建立联系；制定计划引导绿地规划工作	4.1
提升利益相关者和公众的参与程度；教育、认知与交流、创造知识	考虑人们的意愿（需求）、提供诸如补贴或补偿等激励措施以促进居民和投资者的绿化投入	3.4、4.2、4.3 4.3.4（慕尼黑）
进行生态系统服务的经济评估、成本收益分析；开拓新的融资模式、财政支持（发展援助和资金战略、税收、贷款、彩票）；降低维护和管理费用	经济评估有助于提升公众对城市绿地价值的认识，为可持续性城市发展提供有用的信息。以经济形式表现的绿化效益可以作为传统生态环境重要性补充（激励）；地方财政系统应该对创造出的部分城市价值进行重新分配；绿地／生物多样性的公私合伙人制度	本书第三章，特别是3.6和4.1.3：各个案例研究的结果展示了土地用途改变和城市绿地以及潜在的生态系统服务损失的后果，在城市规划过程中为决策制定者提供额外的信息
帮助限定社会、社区发展→环境公平	制定并实施城市绿地相关标准（比如可进入性和公平原则等）	3.4、3.7、4.2

5.2 城市绿色空间和土地规划过程中多尺度、多目标应对指南

玛蒂娜·阿尔特曼、奥拉夫·巴斯蒂安、常江、陈博平、卡斯滕·古内瓦尔德、胡庭浩、尤利娅妮·马泰、斯蒂芬妮·罗塞勒斯、侯伟

与其他景观不同，城市的构成复杂，涵盖不同土地覆盖和利用类型。在引导城市可持续性发展过程中，土地利用规划是一个重要的管理手段。规划者作为调解者，平衡城市中各部门、各种土地类型产生的社会、经济和环境利益。但是，由于空间有限，平衡环境、经济和社会效益具有极大

的挑战性。尤其是城市土地利用和绿地规划需要权衡与城市发展的相关目标（如住宅或商业目的），以及城市绿地的保护和（再）开发之间的关系。

除了应对各种目标之外，城市土地利用和绿地规划应该遵循双向原则来组织：从国家、州省或地区的角度出发设定整体目标时，自上而下的规划需要和具体实践及地方层面自下而上的规划同时进行，以确保能够满足地方需求并推广适宜可行的知识与措施以实现目标。

高层政策如"欧洲绿色基础设施战略"（EC，2013）能够释放重要的信号并在市政水平上通过城市规划推动生态系统服务的实施（Hansen et al，2015）。但是在德国，管理城市土地覆盖等工作主要是在市级层面上完成的。在这个层面上，城市规划对开发覆土和绿地规划有着主要的话语权，并负责将规划付诸实践（Artmann，2014）。在中国，中央层面设定城市土地利用、绿色空间和覆土目标，但如何落实政策并激励地方政府有效地实施目标仍有待改善。

目前，中国的绿地发展和规划系统已经形成了一个从国家到地方、自上而下完整的调控框架。国民经济和社会发展五年规划纲要（又称"五年规划"）起到了上层引导和方向盘的作用，设定总体指标而非具体指标。"环境保护和生态调控规划"是一系列规划的统称。这些规划和目标在促进绿地发展方面起到了积极的作用。这一类规划进一步延伸出细化绿地发展和环保要求的相关规定。土地利用规划是最严格的土地管理手段之一，在国家、省、市、县层面上都必须落实，因此，它直接决定了绿地的规模、功能和结构。基于土地利用规划，城市整体规划和城市绿地系统规划会进一步决定地方层面绿色空间的布局和形式。

地方政府也会组织汇编一些非正式的与城市绿地发展和保护密切相关的规划。对城市整体规划和城市绿地系统而言，这些规划是强有力的补充。此外，中国还举办了一系列的园林城市活动，不仅有助于保护和开发城市绿地和环境，还能提升公民对城市的责任感和环保意识。

然而，在中国，下列问题依然需要进一步解决，以期更好地实施城市绿地开发：

一般而言，中国绿地开发和规划系统相对复杂，而且制定规划的周期较短，需要进一步推进绿色空间规划的科学性和权威性。

1. 由于各种战略和规划的目标及方向不同，同一层面绿地开发和绿色系统规划的理念及内容仍需权衡。因此，"多规融合"成为中国规划系统改革的关键词。

2. 地方非法定规划的法律地位和实施仍有待进一步提高。

在德国，有许多方法和手段可以解决"城市生物多样性""城市生态系统服务"和"绿地发展"等问题。要想取得成功，需要采取如下措施：

1）将议题纳入空间规划方法，并且这些做法需要成为主流。

2）个别问题应该在适当的规模和层面上加以解决。

3）从地区层面到市级、区县级再到具体实践，规划的所有层面都应该纳入考虑的范畴。

4）正式的手段不应该被取代，但非正式手段可以作为补充。

在德国，景观规划是一个重要的工具，可以用来塑造城市土地利用和土地覆盖，为可持续性城市发展设定愿景。景观规划包括至少两个阶段的规划过程：区域景观规划是建立在景观结构规划基础之上；景观规划是地方区域规划的反映和体现，为地方层面确定自然保护目标和相互关联的管理指南。绿色基础设施规划和生态系统服务可以通过对不同规模和层面的城市生态系统环境进行可持续性管理来支持景观规划，例如将实现紧凑型绿色城市看作城市土地利用规划过程中的重要挑战（见 **4.3**）。未来，绿色基础设施规划和生态系统服务可以为德国景观规划提供支持，为解决紧凑型城市面临的挑战提供机遇；反映城市的社会—生态系统（例如城市居民对城市生态系统的不同需要，休闲或者接触自然）；考虑城市生态系统和景观的空间异质性和属性（例如不同类型的城市绿地，城市公园和私人园林）。这份指南反映了德国景观规划的三个主要模块：1）景观分析和评估；2）规划目标和措施；3）规划产生的影响评估。在每一个模块，绿色结构和治理过程都被视为绿色基础设施规划的一部分，这体现了对紧凑型绿色城市愿景的充分思考。各种生态系统服务的供给体现了绿色基础设施的多功能性（表5.1），通过在绿色基础设施规划中应用多目标方法，这份指南也体现了对多尺度绿地规划和绿色与灰色基础设施相整合的充分考虑（表5.2）。

德国在紧凑型绿色城市景观规划过程中对绿色基础设施 表 5.1
和生态系统服务的考虑
（Artmann et al，2017）

	1）景观分析和评估	2）规划目标和措施	3）规划产生的影响
紧凑型绿色城市景观规划过程中对绿色结构的指导方针			
（1）多目标方法	景观规划对不同类型的城市绿地进行了分类，如城市公园、森林和私人园林	针对不同类型城市绿地，景观规划制定相应的规划目标和措施，如私人和公共区域绿地供给目标	景观规划评估了规划目标和措施对不同城市绿地所产生的影响
（2）整合	在景观规划框架下对发达地区的城市绿地整合状况进行了分析，如城市中心行道树的规定	景观规划制定规划目标和措施，以期将城市绿地和开发区整合起来，如增加城市中心的人均绿地面积	景观规划评估了整合城市绿地和发达地区的规划目标和措施所产生的影响，如公园内嘈杂的休闲活动风险
（3）连贯性	景观规划需要考虑城市绿地的连贯性，如连接城市中心和城市边缘的绿地	景观规划制定规划目标和措施，以期将城市绿地在功能性和物理存在上连接起来，如通过行道树把休闲空间连接起来	景观规划对绿色基础设施连贯性的规划目标和措施进行了分析，如绿色网络对生物多样性的影响
（4）多功能性	在景观规划框架下对提供生态系统功能的绿地状态进行了分析，如城市中心新鲜空气的供给	景观规划制定针对城市绿地提供的生态系统功能的规划目标和措施，如提升高度覆土地区的冷却能力	景观规划评估了绿色基础设施对生态系统功能的影响，如开放私人绿地对降低高温压力的影响
紧凑型绿色城市景观规划过程中对绿色治理过程的指导方针			
（1）多尺度方法	景观规划对紧凑型绿色城市多尺度调控的考虑，如根据国家目标减少土地占用	景观规划制定与多尺度调控一致的规划目标和措施，例如依照国家自然保护法的规定实施绿色网络建设	景观规划通过对紧凑型绿色城市多尺度目标的回顾来评估规划措施的影响，例如促进紧凑型城市发展的国家目标
（2）战略方法	景观规划分析了与城市相关的绿色基础设施的状况	景观规划通过绿色基础设施对降低城市扩张制定规划目标和措施	景观规划通过绿色基础设施对降低城市扩张措施进行评价

续表

	1）景观分析和评估	2）规划目标和措施	3）规划产生的影响
（3）社会包容性	景观规划在对自然和景观进行评估时对不同群体的考虑，如气候变化对脆弱人群的影响	景观规划制定针对各个群体的规划目标和措施（如鼓励居民创造绿色建筑），以期实现紧凑型绿色城市	景观规划评估规划目标和措施对各个群体的影响，如限制城市扩张对农民的影响
（4）跨学科	景观规划利用各个学科的专业知识（如关于噪声污染的研究）分析紧凑型绿色城市的状态	景观规划利用各个学科的专业知识（如气候调控的科学模型）制定紧凑型绿色城市的规划目标和措施	景观规划利用各个学科的专业知识（如关于绿色屋顶对气候调控的影响的研究成果）评估规划措施的影响和冲突

景观规划中绿色基础设施多目标、多尺度规划　　　　表 5.2

（Artmann et al，2017；基于 EEA，2011 年援引的景观设计院报告；Davies et al，2015）

景观规划对城市绿色基础设施和建成环境整合的考虑	景观规划在具体实践层面对城市绿色基础设施的考虑
— 行道树木和树篱 — 绿色建筑（如绿色屋顶和立面） — 建成区的绿地 — 住区的绿色植物 — 社会基础设施的绿化（如学校） — 商业区/工业区的绿化 — 交通设施沿线的绿色植物 — 水源管理系统的绿化 — 建成基础设施的去除覆土和拆解	— 袖珍公园 — 私人园林 — 墓地 — 池塘和溪流 — 发达地区的小树林 — 操场 — 体育场 — 绿化过的城市广场 — 小块园地 — 空地
景观规划在城市和区县层面对城市绿色基础设施的考虑	景观规划在区域和国家层面对城市绿色基础设施的考虑
— 城市/区县公园 — 森林公园 — 湖泊 — 河流和冲积平原 — 主要的休闲空间 — 棕地 — 前矿区 — 农业用地 — 葡萄栽培	— 区域公园 — 道路和铁路网络 — 区域绿化带 — 国家公园 — 郊野 — 长途道路

这份指南在德累斯顿市的景观规划中得到了验证，具体情况在前文"德累斯顿——生态网络中的紧凑型城市"中有过介绍（见4.3）。结果显示，多尺度城市绿地规划以及城市绿地与灰色基础设施整合并不充分（Artmann et al，2017）。和景观规划相比，土地利用规划可能更适合作为规划手段在实践层面整合建筑物绿化。因此，在考虑绿地建设的各种可能性时，需要放在适当的层面上进行。尽管建筑物绿化可以提供诸多的生态系统服务，如微气候调控、减少雨水径流、支持生物多样性或食物供应，但是在德国，迄今为止，还没能充分发挥屋顶绿化或者墙体绿化的潜力。因此，需要进一步通过立法、经济激励、科研教育等来促进绿色建筑的执行和落实（表5.3）。总体而言，城市规划需要运用多种手段和策略，考虑多方面因素和空间尺度来促进绿色城市的发展。

德国促进绿色建筑的活动   表5.3

（基于 Fachverband Raumbegrünung 与 Hydrokultur，2016 年的研究修改）

立法和规划：	财政激励：
— 将屋顶和墙体绿化等相关法律法规作为城市发展规划的基本和强制性要求； — 考虑将绿色建筑纳入法律抵消条款当中； — 启动并推进城市绿色建筑战略，包括分析绿色建筑发展的潜在空间以及模拟气候改善	— 联邦政府和各州设立基金，为屋顶和墙体绿化提供直接的资金支持；制定财政支持计划； — 为居民和投资者提供额外资金，按照法律要求对其建筑进行绿化（参见关于慕尼黑的章节）； — 通过间接手段提供激励，如在所有主要城市实施雨水和废水分置收费（见4.1.3）
科研：	教育：
— 科研项目的启动和支持；建立中央研究数据库； — 在科研、建筑、工程和规划间进行跨学科合作（参见 Artmann，2016）； — 需要在下列方向进行科研努力：蒸腾作用、气候改善、污染物和粉尘绑定、噪声吸收、暴雨条件下的雨水留存、生物多样性、成本收益分析、质量管理、热绝缘、二氧化碳黏合	— 开设专门针对城市、政治家和建筑师的工作坊； — 面向建筑师和城市规划者的针对屋顶和墙体绿化的强制性研讨会； — 借助学术会议传播最新知识，如世界绿色建筑大会（World Congress on Green Buildings）； — 作为知识平台和数据库的中心网站：http：//www.gebaeudegruen.info/

5.3 合作潜力与前景展望

卡斯滕·古内瓦尔德、玛蒂娜·阿尔特曼、奥拉夫·巴斯蒂安、约尔根·波伊斯特、陈博平、胡庭浩、丹尼斯·卡利什、李纳德、李秀山、尤利娅妮·马泰、斯蒂芬妮·罗塞勒斯、拉尔夫－乌韦·思博、侯伟、亨利·韦斯特曼、石晓亮

日益增长的城市人口和城市发展压力将会不断对现在及以后高质量绿地与绿色基础设施供给提出挑战。一方面，充足的高品质绿色空间依赖于切实可信的有力保护；另一方面，城市绿色发展决策是由社会和城市居民制定。在这种情况下，系统思考和全盘规划显得尤为必要（正如生态系统服务概念所表述的那样）（Grunewald and Bastian，2015）。

随着人口增长和对自然资源／空间需求的日益增加，自然资本和生态系统状况／服务会变得越来越重要。此外，我们也会遇到进一步的困难和挑战，包括气候变化、人口老龄化、不断改变的交通系统（如电动汽车）、不断增长的能源消耗和愈发数字化的世界。因此，减少土地消耗的国际标准和战略以及发展目标、指标和监测概念必不可少。

在过去的几年间，可持续性城市化的推广也为我们带来了许多积极的经验。我们相信不同国家间互相分享和学习彼此最佳实践对于可持续城市的全球发展来说意义重大（Shen et al，2013）。为了分享绿色城市发展的经验，首先需要对实施方案进行适当的评估，以确定最佳实践方法。

除了现有的"中欧城镇化伙伴关系共同宣言"之外，在德国总理默克尔、国务院总理李克强的推动下，"中德城镇化伙伴关系"于2013年5月启动。德国联邦环境、自然保护、建筑和核安全部（BMUB）与中国住房和城乡建设部共同负责基于这一伙伴关系的活动的实施和开展（BMUB，2016a）。目的是为了通过政治对话、城市间交流经验和注重实践的培训，发展气候友好型综合可持续性城市发展政策。在2015年11月德国联邦

环境、自然保护、建筑和核安全部与中国住房和城乡建设部签署了《联合意向声明》，将在 2020 年前拨付 480 万欧元给德国国际合作公司（the Deutsche Gesellschaft für Internationale Zusammenarbeit GmbH），在国际气候倡议（the International Climate Initiative）框架下实施中德城镇化伙伴关系（Müller，2015）。

"中德市长对话"项目自 1982 年"中德城市管理研讨会"启动以来每年召开一次峰会。跨城对话项目和"中德市长峰会"中获得的见解和经验反馈到中德政策对话中，并以此为基础给国家、省级、市级和地方层面的决策者们提供政策建议。"中德环境论坛"每三年举办一次，由德国联邦环境、自然保护、建筑和核安全部与中华人民共和国生态环境部共同组织主办，议题涵盖了空气污染控制、水管理、资源和能源效率、碳市场、生物多样性、绿色采购、可持续性商业、可持续性消费和环境认证等方面（BMUB，2016a）。

生物多样性和生态系统服务是中德合作的重点之一，以确保自然保护政策（如 MEA、CBD、TEEB、IPBES）国际进程的连贯性。在中国，空气、水和土壤同样吸引了环境政策的关注。在不久的将来，特别是在城区和城乡接合部，将会从生态系统的临界状态入手，开发和实施生态系统与其服务以及生物多样性的保护和修复领域的基本战略。本书作者都会参与到这个过程中，而且中德双方密切的交流合作（如 2015/2016 年柏林、德累斯顿、成都、上海、北京、南京、徐州等城市的研讨会和真实绿色城市实验室田野调查）也被纳入此项研究当中。

100 多年来，城市绿色空间发展一直都是欧洲城市的热点话题。在城市扩张过程中，涵盖公园和城市森林的绿色网络都是人们权衡考虑的要点。例如，在德累斯顿，19 世纪中期的一场洪灾之后，市政当局认识到了易北河沿岸冲积平原草甸对于公众的价值，并通过法律保护这些草甸免毁于建筑开发。但是，在过去的几十年中，欧洲城市的外围进行低密度郊区开发已经成为常态。许多欧洲国家城市地区的扩张速度已经超过了人口增长速度的 3 倍。一方面，由于不安全的饮用水、不完备的卫生条件、糟糕的住宿或者空气污染导致的传统环境健康问题大多已经得到了解决或者缓解。另一方面，西方城市的不断扩张以及相应的能源、土地和土壤消耗危及自然、城市和乡村环境。温室气体排放的增加导致了气候变化、空气和噪声污染加剧，将超出人类安全的极限（Uhel，2008）。

德国在 20 世纪 60 年代晚期就已经开始了对城市生态的研究，并将研究成果应用到了实践中（Sukopp and Wittig，1998）；而中国城市生态研究对"绿色城市发展和城市生物多样性和生态系统服务"的研究开展时间尚不足十年。尽管加强生态系统服务已经引起了国际社会的热议，但迄今为止负责德国城市规划的行政管理部门和机构对此问题的重视程度仍待加强（Haase in Grunewald and Bastian，2015）。

当前中国学术界对此议题的研究主要是城镇化的时间与空间分布格局和驱动过程以及城市增长模式、城市热岛效应、城镇化对环境的影响、城市生态系统服务、可持续城市 / 生态城市和城市可持续性评估。科研和实践之间的结合在城市生态研究和发展领域也只是在最近才有所进益。除了研究机构如中国科学院之外，学校也起到了重要的作用。

德国可以学习如何将绿色理念落实到自上而下驱动的大项目以及德国企业中；景观规划者和建筑师也可以参与这一过程。中国可以学习关于城市绿化的技术和其他方面的知识，并将这些知识和经验应用到自己的项目开发中。政治层面希望得到一些目前尚不存在或仍然需要时间或不同刺激方能实现的结果。为了弥补这个差距，政治层面会宣布一些缺乏大量研究支撑的"积极的结果"（如民政部仅仅基于简单的统计标准就授予某些城市"生态城市"的称呼）。这种做法一方面可能会打消科学家们的积极性，另一方面也表明需要作更多的研究以得到真正有效的结论。

中德两国在科学和政治层面上潜在的合作点包括：

1. 在中国，政治是一个自上而下的主体，这是社会对政治的普遍认识。只有得到了政治上的支持，具体的研究课题才可以合法化。只有得到了政治机构的认可，真正的研究才会开始。

2. 城市生态研究已经得到了中国最高政治层面的认同，认为该研究领域值得支持。这就为该领域的研究打开了获得政治（和财政）支持的大门。但是政治层面也会影响研究所关注的领域，因为政策或规划的变更，可能会影响到研究结果的被接受程度。有时候研究课题和目标会成为政治口号（如"国家园林／城市""生态城市""生态文明发展"等）。

3. 政治层面要求研究结果必须可以实际应用，但是还没有找到如何切实利用这些结果的方法，这也是科研和实践之间存在差距的原因。

中德两国可以进一步合作的议题包括：

两国都在致力于限制城市扩张来应对发展紧凑型城市过程中所遇到的挑战。但是，为了建造一个可以提供优质生活的城市，紧凑型城市概念应和城市绿地的保护、资格认证和整合等方面结合起来。中德两国都接受了这个概念，双方的政府和科研机构正在对其展开研究。中德知识交流和最佳实践合作可以让我们注意到当代城市规划常常忽视城市绿地的多重效益，以及让我们的城市变得更绿的重要性。

绿色基础设施和生态系统服务的概念为我们提供了如何把"城市灰色"和"城市绿色"联系起来的指导方针。德国和中国的个案研究显示，在紧凑型绿色城市的规划实践中这两种方法是如何运用的。未来城市将被视为一个社会—生态系统，其研究的重点就是将社会包容性作为绿色基础设施规划的重要支柱。如何动员城市居民参与到城市绿化中来？自下而上的方法效益何在？政府、地方当局等如何才能支持这些活动？在这些方面，需要对生态系统服务的需求侧予以关注。因此，为了应对当前与城镇化相关的挑战，如气候变化、生物多样性丧失、资源不足、人口增长等，需要将人类及其需求和态度整合到基础的应用研究中（McPhearson et al，2016）。在中国（德国也是如此），需要提高公众对城市生态系统效益的认识和了解，提升他们对自然的认知并推动整体生态保护的进程。

"绿色城市发展和城市生物多样性及生态系统服务"领域的研究需求

利用生态系统服务的价值评估，可以评估城市绿地的货币价值和非货币价值，并可估算由于生态系统退化产生的外部成本。要想更清楚地了解城市生态系统服务以及面临的选择和挑战，需要更好地理解不同生态系统服务间跨尺度依赖性。如何管理城市发展，以尽可能将城镇化导致的社会、经济、人文和环境负面影响最小化；同时为城市居民提供适宜的生活条件，城市发展管理还需要确保城市发展在环保和经济上可行。

中国城市绿地问题研究的现状：

1. 目前尚没有对中国城市生物多样性和生态系统进程的综合性研究。致力于城市生态研究的大部分研究人员都是地理学者和环境学者，他们擅长遥感、GIS 和相关的技术领域，但是缺少生态学的基础训练（Wu et al，2014）。

2. 中国生态系统研究网络（CERN，http：//www.cern.ac.cn/）是由中国科学院于 1988 年建立的，包括 42 个站点，但是只有一个和城市生态有关（位于北京的站点）。

3. 缺少针对中国城市生态研究系统开发的经过测试的理论框架。许多研究都只是针对城市生态系统的一个或者几个方面，缺乏对整个城市生态系统的考虑。

4. 鉴于中国高效的自上而下的管理模式，优秀的政策工具可以作为城市绿地的评估工具。但是，依然需要进一步研究开发系统的、定性的并且以过程为导向的评估工具，目的是为了确保绿色城市发展的质量，而不是为了短期的政绩。

5. 大多数灵感导向或者问题导向的研究缺少生态科学或者设计方面的实用性。"没有规划的城市开发"和"没有生态的城市规划"是中国目前普遍存在的两种现象，反映了规划阵营和生态研究阵营之间缺少交流和合作（Wu et al，2014）。

6. 对城市生态系统新颖、深入而且创新/智能的理解是非常必要的。这个理解包括景观科学、土地系统科学、城市生态学及建筑、城镇化与气候变化和人类健康的关联，以及城市生态系统服务和人类幸福之间的关系，平衡环境健康、人类福利和社会公平、生物多样性和城市生活质量之间的关系。

7. 需要建立一门跨学科的城市区域科学来满足国家需要（Wu et al, 2014）。

8. 争取科研基金和各个学科、学派以及不同的机构间合作。

9. 中国城市研究人员（生态学家、地理学家等）、规划者和设计者们需要增进彼此间的合作。

10. 缺乏统一的法规和规划，多种管理规定间缺少统一。在中国，各个城市都有很多独立的规划，如动植物多样性保护规划、城市生物多样性规划（城市资源和城市资产）、城市绿地管理规定等。同时它们还由不同的部门管辖，使得统一这些规划变得更加复杂。

下面选出了一些近期德国城市绿色空间研究的话题和研究方向（BMUB，2016b，2017），有助于解决中德两国共同面对的城市挑战（如城市扩张、覆土）：

1. 测试新的绿色基础设施建设方案以及开发具体行动策略和手段的模拟项目。

2. 进一步开发、检测降低新覆土的措施和手段——发展紧凑型城市、内部开发和土地循环利用。

3. 与生态系统服务 / 生物多样性相关的住区气候保护和气候适应的评估 / 规划。

4. 整合城市扩张区域基础设施的城市内部发展理念的生态影响的评估 / 规划。

5. 将生态系统和生态系统服务整合进环境经济和价值评估中——理论框架和方法论原则。

6. 城区 / 郊区住宅区开发的规划操控 / 管理，尤其强调适应自然的土地利用和节约空间的空间规划。

7. 消费者行为和相关消费品及其对生物多样性和生态系统的影响调查，旨在为可持续消费提供行动建议，以推动可持续性发展目标的实现。

8. 改进实施过程的知识获取型调研。

我们想用鲁厄尔（Uhel，2008）提出的展望作为本书的结束语："可信的科学观点认为，塑造可持续城市应该围绕着环境质量和生态系统服务展开，而不是简单地满足能源和交通需要。我们会越来越频繁地遇到一些长期问题，以及这些问题带来的不确定性影响。要想在一个复杂的世界中理清头绪，我们需要把这些问题进行区分：简单问题、复杂问题和源于混沌系统的问题。简单问题可以通过交流最佳实践予以解决；复杂问题的解决之道正在努力探索当中；而要想解决源于混沌系统的问题，我们需要创新型实践才能实现。如果我们想要认真解决消费和生产方面的可持续性问题，我们需要明确未来可能出现的不确定因素，超越当前政策的短视，改变目前专注于解决诸多孤立问题的模式。我们的政策要能够反映我们所应对的系统的复杂性，只有这样我们才能兼顾当代的社会公平以及未来子孙后代的需要。"

参考文献

Artmann M（2014）Assessment of soil sealing management responses, strategies and targets towards ecologically sustainable urban land use management. Ambio 43（4）: 530–541.

Artmann M（2016）Urban gray vs. urban green vs. soil protection—development of a systemic solution to soil sealing management on the example of Germany. Environ Impact Assess Rev 59: 27–42.

Artmann M, Bastian O, Grunewald K（2017）Using the concepts of green infrastructure and ecosystem services to specify Leitbilder for compact and green cities – the example of the landscape plan of Dresden（Germany）. Sustainability 9（2）, doi: 10.3390/su9020198.

BMUB – Bundesministerium für Umwelt, Naturschutz, Bau und Reaktorsicherheit（2015）Grünbuch Stadtgrün. Grün in der Stadt – Für eine lebenswerte Zukunft. Bundesministerium für Umwelt, Naturschutz, Bau und Reaktorsicherheit.

BMUB – Bundesministerium für Umwelt, Naturschutz, Bau und Reaktorsicherheit（2016a）Bilaterale Kooperation zu Umwelt- und Klimaschutz sowie nachhaltiger Urbanisierung mit China. http://www.bmub.bund.de/themen/europa-international/int-umweltpolitik/bilaterale-zusammenarbeit/bilaterale-kooperation-mit-china/.

Accessed 14 Feb 2017.

BMUB – Bundesministerium für Umwelt, Naturschutz, Bau und Reaktorsicherheit（2016b）Ressortforschungsplan des Bundesministeriums für Umwelt, Naturschutz, Bau und Reaktorsicherheit. http：//www.bmub.bund.de/fileadmin/ Daten_BMU/ Download_PDF/Forschung/ressortforschungsplan_2016_gesamt_bf.pdf. Accessed 14 Feb 2017.

BMUB – Bundesministerium für Umwelt, Naturschutz, Bau und Reaktorsicherheit（2017）Ressortforschungsplan des Bundesministeriums für Umwelt, Naturschutz, Bau und Reaktorsicherheit. http：//www.bmub.bund.de/fileadmin/ Daten_BMU/ Download_PDF/Forschung/ressortforschungsplan_gesamt_2017_bf.pdf.Accessed 14 Feb 2017.

Davies C, Hansen R, Rall E, Pauleit S, Lafortezza R, De Bellis Y, Santos A, Tosics I（2015）Green infrastructure planning and implementation. The status of European green space planning and implementation based on an analysis of selected European city-regions. http：//greensurge.eu/working-packages/wp5/ files/Green_ Infrastructure_Planning_and_Implementation.pdf. Accessed 24 Mar 2016.

EC – European Commission（2013）Communication from the commission to the European Parliament, the council, the European Economic and Social Committee and the Committee of the Regions. Green Infrastructure（GI）– Enhancing Europe's Natural Capital. COM（2013）249 Final, EC Brussels, Belgium.

EEA – European Environment Agency（2011）Green infrastructure and territorial cohesion. The concept of green infrastructure and its integration into policies using monitoring systems.Publications Office of the European Union, Luxembourg.

Fachverband Raumbegrünung and Hydrokultur（2016）Zum Weißbuch "Stadtgrün". Positionspapier zur Gebäudebegrünung. http：//www.g-net.de/files/download/ Position_ZVG_Gebaeudegruen_130716.pdf. Accessed 30 Jan 2017.

Grunewald K, Bastian O（eds）（2015）Ecosystem services – concept, methods and case studies. Springer, Berlin, Heidelberg.

Hansen R, Fratzeskaki N, McPhearson T, Rall E, Kabisch N, Kaczorowska A, Kain J-H, Artmann M, Pauleit S（2015）The uptake of the ecosystem services concept in planning discourses of European and American cities. Ecosystem Services 12：228–246.

McPhearson T, Pickett STA, Grimm NB, Niemelä J, Alberti M, Elmqvist T, Weber C, Haase D, Breuste J, Qureshi S（2016）Advancing Urban Ecology toward a Science of Cities. BioScience 66 : 198–212.

Müller S (2015) Towards the Sino-German Urbanisation Partnership. Presentation at the 8th Sino-German Workshop on Biodiversity Conservation, Berlin, 18-19 June 2015.

Qian J, Peng Y, Luo C, Wu, C, Du Q (2016) Urban land expansion and sustainable land use policy in Shenzhen : A case study of China's rapid urbanization. Sustainability 8 (16).doi : 10.3390/su8010016.

Shen L-Y, Ochoa JJ, Zhang X, Yi P (2013) Experience mining for decision making on implementing sustainable urbanization—An innovative approach. Autom. Constr. 29 : 40–49.

Sukopp H, Wittig R (eds)(1998) Stadtökologie. 2.ed., Gustav Fischer, Stuttgart.

Uhel R (2008) Urbanisation in Europe : limits to spatial growth. Key note speech by Mr Ronan Uhel, Head of Spatial Analysis, European Environment Agency, at the 44th International Planning Congress, Dalian, China, 20 Sept 2008. http : //www.eea. europa.eu/media/speeches/urbanisation-in-europe-limits-to-spatial-growth.

Wu J (2014) Urban ecology and sustainability : The state-of-the science and future directions. Landscape and Urban Planning 125 : 209–221.

致 谢
Acknowledgements

本书是"面向绿色城市——中德城市生物多样性和生态系统服务对比"项目的研究成果之一。此项目是由德国联邦自然保护局发起（BfN），莱布尼茨生态城市与区域发展研究所（IOER）领导，联合多家高校和科研机构成立研究团队共同参与完成的。除 IOER 外，其他参与单位还包括：华东师范大学（ECNU）、萨尔茨堡大学、中国矿业大学（CUMT）。本项目还得到了中国科学院地理科学与资源研究所（IGSNRR, CAS）和中国环境科学研究院（CRAES）的大力支持。

在此，我们要感谢所有为本书提供中英文版本的合著者们，以及感谢来自柏林的菲利克斯·帕尔博士（Dr. Felix Pahl）对本书的语言润色工作。我们特别要感谢来自 IOER 的萨宾娜·威尔查斯女士（Sabine Witschas, Dipl.-Ing）对书中图表的校对和完善工作，感谢来自 BfN 的布克哈德·施沃普 – 考夫特先生（Burkhard Schweppe-Kraft）和贝伊汗·埃金吉女士（Beyhan Ekinci）对本书分章节的校对，感谢来自 IOER 的娜塔莉亚·劳伊特女士（Natalja Leutert）对本书参考文献的校对。我们很荣幸可以和施普林格出版集团在愉快的氛围中完成本书英文版的出版工作。

中文版致谢

这本译著即将出版，回想组织翻译出版过程中经历的种种周折，仍历历在目，感慨万千！原著是中德合作项目的成果之一，出版之后，德方合作者提出把原著译成中文，以便达成扩散传播的意愿。并来征求我的意见，请我负责组织翻译和联系出版社。由于当时手头承担的科研项目任务较为繁重，且不幸正饱受眼疾困扰，每日能用眼时间有限，唯恐精力和时间有限，耽误翻译和出版，考虑再三，没敢承接任务。经中德课题组讨论，从我承担的子课题出资，由课题组其他学者组织翻译、出版。然书稿出版颇多周折，在经历几易负责人、洽谈多家出版社、缺少出版经费资助等困境之后，最终解决困难，得以付梓。欣慰之余，有如释重负之感。

本书能够出版，首先要感谢施普林格出版社给我们免费提供中文版权。我们要特别感谢中国建筑工业出版社的编辑——焦阳女士。正是在2018年11月15—17日于福州大学举办的"设计生态国际研讨会"期间的邂逅及交流，才最终落实了出版机构，此后，在书稿的出版立项、图文编辑、审图等过程中给予了极大的支持、鼓励和帮助。

感谢中国矿业大学的刘会民先生对译文初稿的贡献。中国矿业大学的常江教授、德国莱布尼兹生态城市与区域发展研究所的肖随丽博士负责本书第一章、第四章和第五章的再翻译、校译工作，华东师范大学李俊祥教授（现任职上海交通大学）负责本书第二章、第三章的再翻译和校译工作，肖随丽负责书稿序言、致谢部分的翻译，李俊祥校译。此外丹麦哥本哈根大学余兆武博士，华东师范大学的范舒雅、欧阳霖柯博士生，中国矿业大学的胡庭浩博士生，以及孟宪磊女士参与协助部分校译工作。李俊祥对译稿全文进行统稿校对。

本书的出版得到科技部国家重点研发计划项目"城市化与区域生态耦合及调控机制"的课题"城市化地区生态演变过程、格局及其驱动机制"（课题编号：2017YFC0505701），国家自然科学基金项目"城市植物多样性空间格局及其景观多尺度筛选机制"（批准号：31870453），以及国家自然科学基金海外及港澳学者合作研究基金"分解土地覆盖/土地利用及气候变化对长江三角洲净初级生产力与蒸发散的影响"（批准号：31528004）的资助。

李俊祥

作者名单
Contributors

玛蒂娜·阿尔特曼（Martina Artmann）

德国德累斯顿　莱布尼兹生态城市与区域发展研究所

m.artmann@ioer.de

戴维·拜尔 (David Baier)

德国波恩　城市园林局

david.baier@bonn.de

奥拉夫·巴斯蒂安 (Dlaf Bastian)

德国德累斯顿　州府环境办公室

olaf.bastian@web.de

斯蒂芬·贝克塞 (Stephan Becsei)

德国法兰克福　B-A-E-R 城市环境研究所

mail@b-a-e-r.com

约尔根·波伊斯特 (Jürgen Brevste)

奥地萨尔茨堡　奥地利萨尔茨堡大学，中国上海　华东师范大学

juergen.breuste@sbg.ac.at

常　江

中国江苏徐州　中国矿业大学

changjiang102@163.com

陈博平

中国北京　世界未来委员会

boping.chen@worldfuturecouncil.org

董楠楠

中国上海　同济大学

dongnannan@tongji.edu.cn

冯姗姗

中国江苏徐州　中国矿业大学

fengshanshan@cumt.edu.cn

卡斯滕·古内瓦尔德（Karsten Grunewald）

德国德累斯顿　莱布尼兹生态城市与区域发展研究所

k.grunewald@ioer.de

贝恩德·汉斯·约尔根（Bernd Hansjürgens）

德国莱比锡　亥姆霍兹环境研究中心（UFZ）

bernd.hansjuergens@ufz.de

阿德里安·霍彭施泰特 (Adrian Hoppenstedt)

德国汉诺威　HHP 汉诺威

hoppenstedt@hhp-raumentwicklung.de

胡庭浩

中国江苏徐州　中国矿业大学

hth11211@163.com

丹尼斯·卡利什（Dennis Kalisch）

德国柏林　柏林工业大学

d.kalisch@campus.tu-berlin.de

李纳德（Lennart Kümper-Schlake）

德国波恩　德国联邦自然保护局

lennart.kuemper-schlake@bfn.de

李俊祥

中国上海　华东师范大学及上海市城市化生态过程与生态恢复重点实验室

jxli@des.ecnu.edu.cn

李秀山

中国北京　中国环境科学研究院

xiushanli@vip.163.com

刘　颂

中国上海　同济大学

liusong5@tongji.edu.cn

刘悦来

中国上海　同济大学

liuyuelai@gmail.com

罗萍嘉

中国江苏徐州　中国矿业大学

luopingjia@cumt.edu.cn

尤利娅妮·马泰（Juliane Mathey）

德国德累斯顿　莱布尼兹生态城市与区域发展研究所

j.mathey@ioer.de

乔纳斯·米歇尔（Jonas Michels）

德国波恩　城市园林局

jonas.michels@bonn.de

斯蒂芬妮·罗塞勒斯（Stefanie Rößler）

德国德累斯顿　莱布尼兹生态城市与区域发展研究所

s.roessler@ioer.de

爱丽丝·施罗德（Alice Schröder）

德国莱比锡　德国联邦自然保护局

alice.schroeder@bfn.de

安妮·赛维特（Anne Seiwert）

德国德累斯顿　莱布尼兹生态城市与区域发展研究所

a.seiwert@ioer.de

石晓亮

中国辽宁沈阳　沈阳农业大学

sxl422127@163.com

拉尔夫－乌韦·思博（Ralf-Uwe Syrbe）

德国德累斯顿　莱布尼兹生态城市与区域发展研究所

r.syrbe@ioer.de

侯　伟

中国北京　中国测绘科学研究院

houwei@casm.ac.cn

沃尔夫茨冈·文德（Wolfgang Wende）

德国德累斯顿　莱布尼兹生态城市与区域发展研究所以及德累斯顿工业大学

w.wende@ioer.de

亨利·维斯特曼（Henry Wüstemann）

德国柏林　柏林工业大学

henry.wuestemann@tu-berlin.de

肖能文

中国北京　中国环境科学研究院

xiaonw@craes.org.cn

肖随丽

德国德累斯顿　莱布尼兹生态城市与区域发展研究所

s.xiao@ioer.de

谢高地

中国北京　中国科学院地理科学与资源研究所

xiegd@igsnrr.ac.cn

徐巧巧

韩国首尔　倡导地区可持续发展国际理事会（ICLEI）东亚秘书处

qiaoqiao.xu@iclei.org

张　彪

中国北京　中国科学院地理科学与资源研究所

zhangbiao@igsnrr.ac.cn

张　毅

中国北京　中国科学院地理科学与资源研究所

yizhang2015@hotmail.com

周宏轩

中国江苏徐州　中国矿业大学

zhouhongxuan@live.cn

Federal Agency for
Nature Conservation

Leibniz Institute of
Ecological Urban and
Regional Development

華東師範大學
EAST CHINA NORMAL
UNIVERSITY

UNIVERSITÄT
SALZBURG

中国环境科学研究院
Chinese Research Academy Of Environmental Sciences

CHINA UNIVERSITY OF
MINING AND TECHNOLOGY

Sino-German
Urbanisation
Partnership